ENERGY
SECURITY

中国能源安全
问题研究

张仕荣　著

人民出版社

目 录

导　言

在人文地理方面，"能源"这个词语的本义是"产生机械能、热能、光能、电磁能、化学能等有各种能量的自然资源"[①]。进入 21 世纪，随着全球经济的快速增长，作为人类赖以生存必需的物质基础，能源对于全球各个国家、地区实现经济发展和社会进步的推动与制约作用日益受到关注。伴随着科学技术的进步，人类对于能源的认识正在不断拓宽，人类能源利用的历史也在不断被改写。

人类利用能源的历史十分漫长，在长期的利用过程中，学术界和民间对于能源的分类形成了一些共识。面对全球种类繁多的能源存在形式，世界能源委员会推介的能源分类为固体燃料、液体燃料、气体燃料、水能、核能、电能、太阳能、生物质能、风能、海洋能和地热能。显然，这个分类过于粗泛，需要进一步细化。在学术界，通常对于各类能源按其初始来源、转换传递过程、形态、社会特性进行分类。

一、当前人类可利用能源的基本归类

基于能源的自然属性层面主要根据能源的初始来源和转换传递过

[①]　大辞海编辑委员会：《大辞海》（环境科学卷），上海辞书出版社 2006 年版，第 8 页。

程进行分类，其中就能源的初始来源归纳大体可以分为以下四类：

第一类是与太阳有关的能源。太阳能是太阳内部或者表面的黑子连续不断的核聚变反应过程产生的能量。尽管太阳辐射到地球大气层的能量仅为其总辐射能量的 22 亿分之一，但已高达 173000 太瓦，也就是说，太阳每秒钟照射到地球上的能量就相当于 500 万吨煤。太阳能除可直接利用它的光和热外，它还是地球上多种能源的主要源泉。目前，人类所需能量的绝大部分都直接或间接地来自太阳。地球上的各种植物通过光合作用把太阳能转变成化学能在植物体内贮存下来，这部分能量为人类和动物界的生存提供了能源，煤炭、石油、天然气、油页岩等化石燃料都是由古代埋在地下的动植物经过漫长的地质年代形成的，它们实质上是借助古代生物固定下来的太阳能。此外，水能、风能、生物质能及部分潮汐能等也都是太阳能转换来的。以水能为例，在水循环过程中，海水吸收太阳能，受热蒸发为水蒸气，上升到高空，具有了势能，水汽输送到陆地上空，形成降水，水往低处流，流动过程中，势能逐渐转化为动能，可以用于发电。所以，归根结底，水能来自太阳辐射能。因此就直接作用于地球的太阳能而言，既是一次能源，又是可再生能源。它资源丰富，既可免费使用，又无须运输，对环境无任何污染。在我国，西藏西部太阳能资源最丰富，最高达 2333 千瓦时 / 平方米（日辐射量 6.4 千瓦时 / 平方米），居世界第二位，仅次于撒哈拉大沙漠。

第二类是与地球内部的热能有关的能源。地球内部的温度高达 7000℃，而在 80 至 100 公里的深度处，温度会降至 650 至 1200℃。从地下喷出地面的温泉和火山爆发喷出的岩浆就是地热的表现，地球本身是一个巨大的热能储备库，特别是地球上的地热资源贮量巨大，按目前钻井技术可钻到地下 10 公里的深度，估计地热能资源总量相当于世界年能源消费量的 400 多万倍。地热资源按温度的划分，中国一般把高于 150℃的称为高温地热，主要用于发电；低于此温度的叫中低温地热，通常直接用于采暖、工农业加温、水产养殖及医疗和洗浴等。现在许多国家为了提高地热利用率，而采用梯级开发和综合利用的办法，如热电联产联供，热电冷三联产，先供暖后养殖等。地源热泵技术近年来作为一种高效节能的可再生能源技术，引起全球特别是中国的重视。

第三类是与原子核反应有关的能源。这是某些物质在发生原子核反应时释放的能量。原子核反应主要有裂变反应和聚变反应，如重核裂变和轻核聚变时所释放的巨大能量均会释放出巨大的能量。目前，在世界各地运行的上百座核电站就是使用铀原子核裂变时放出的热量。世界上已探明的铀储量约 490 万吨、钍储量约 275 万吨，这些裂变燃料足够人类使用到迎接聚变能的到来。核聚变燃料主要是氘和锂，海水中氘的含量为 0.03 克／升，据估计地球上的海水量约为 1345 亿立方千米，所以世界上氘的储量约为 40 万亿吨；地球上的锂储量虽比氘少得多，也有 2000 多亿吨，用它来制造氚，足够人类过渡到氘、氚聚变的年代。这些聚变燃料所释放的能量比全世界现有能源总量释放出的能量大千万倍。按目前世界能源消费的水平，地球上可供原子核聚变的氘和氚，能供人类使用上千亿年。因此，只要解决核聚变技术，人类就将从根本上解决能源问题。实现可控制的核聚变，以获得取之不尽、用之不竭的聚变能，这正是当前科学家们的梦想。

第四类是与地球、月球、太阳相互联系有关的能源。地球、月亮、太阳之间有规律的运动，造成相对位置周期性的变化，它们之间产生的引力使海水涨落而形成潮汐能。与上述三类能源相比，潮汐能的数量很小。

以上四大类能源都是自然界中原本存在的、未经加工或转换的能源，属于一次能源，又称初级能源，之所以被赋予这样的名称主要是因为其在自然界中天然存在并可直接取用，诸如煤炭、石油、天然气、太阳能、风能、水能、生物质能、地热能等都具有鲜明的自然属性。在此基础上，进一步按能源的转换传递过程分类，可分为从自然界直接取得且不改变其基本形态的一次能源和二次能源（指经过自然的或人工的加工转换成另一形态的能源）。一次能源无论经过几次转换所得到的另一种能源都被称为二次能源，如上述水力与火力发电过程中的热能、机械能、电能，二次能源不具有自然属性，故不属于自然资源，火电、水电、核电、太阳能发电、潮汐发电、波浪发电、沼气、汽油、柴油、焦炭、煤气、蒸汽、酒精、热水等，都属于二次能源；生产过程中排出的余热、余能，如高温烟气、可燃废气、废蒸汽等，也属于二次能源。就目前人类能源的利用状况而言，电能是二次能源的主要组成部分。

基于社会属性层面，人们出于生产和生活的需要按照能源开发利用状况、资源耗竭程度与商品属性进行了分类。

按能源的开发利用情况，可分为常规能源和新能源。"常规"是通常使用的意思，常规能源是指在现有经济和技术条件下，已经大规模生产和广泛使用的能源，如煤炭、石油、天然气、水能和核裂变能等。常规能源是相对于新能源而言的。新能源是指在新技术的支撑下进行系统开发利用的能源，如太阳能、海洋能、地热能、生物质能等。新能源大部分是天然和可再生的，是未来世界持久能源系统的基础。"新"

的含义有两层：一是 20 世纪中叶以来才被利用；二是以前利用过，现在又有新的利用方式。常规能源和新能源本质的区别是利用时间有差异。当然，随着时间推移和科技的进步，现在的新能源会逐步成为常规能源，例如石油在 19 世纪下半叶，是作为一种新能源被使用的，当前却已位于常规能源之列。又如核能在发达国家已被视为常规能源，而在发展中国家尚属于新能源。

按能源耗竭程度分类，主要以该能源是否可以再生为依据分为两类。一类为能够不断得到补充供人类长期使用的可再生能源，如太阳能、地热、水能、风能、生物能、海洋能等。另一类为需经漫长的地质年代才能形成而无法在短期内再生的不可再生能源，如煤、石油、天然气、核能（核裂变能）等。其中，对可再生能源的开发是未来全球能源利用的发展趋势。

最后，能源按照商品属性可以分为商品能源与非商品能源。商品能源是指作为商品流通环节大量消耗的能源，目前主要指煤炭、石油、天然气、水电和核电等能源。非商品能源则指被就地利用的薪柴、农业废弃物等能源，通常是可再生的，是在农村地区大量使用的能源。

二、人类文明简史就是一部能源开发利用的历史

"能源"的存在是不以人的主观意志为转移的客观存在，但"能源"的内涵却随着时代变迁和人类对客观世界认识的深化而不断展现出新的内容。于是，人类对能源加以利用的历史也就与之吻合而形成具有不同特点的几个基本分期，这些分期必然与人类社会生产力的发展密切相关。

这几个基本分期大致为：蛮荒时代（原始社会对于火的初步利用）、

薪柴时代（农耕文明的主要能源为薪柴）、煤炭时代（工业文明初期主要能源为煤炭）、油气时代（工业文明的中后期主要能源为石油和天然气）、新能源时代（人类为了进入生态文明而逐渐采用低碳乃至无碳能源）。

人类对于能源的认识是在长期的生产和生活的实践中形成的，同时人类文明的开端伴随着对初级能源——"火"的逐步利用。

世界上最早使用火的人，是生活在大约170万年前的中国元谋猿人。1965年，几位地质工作者在云南省北部元谋县，发现了这种猿人的化石和他们烧剩下的大量炭屑。原始人在使用火的时候，也逐渐学会了保存火种，在中国50万年前周口店的猿人洞穴遗址中，发现了使用火种的痕迹，因此可以判定50万年前的北京猿人已经具有管理火和保存火种的能力。在以色列地区，一些考古学家发现人类79万年前已经开始使用火。早期人类通过使用火能够有效处理凶猛野兽的攻击等危险情况、烧烤食物获得熟食、御寒取暖等，可以说，这是人类在蒙昧时代认识和利用能源的开端。

随着人类进入石器时代，人类通过磨制和钻孔技术掌握了人工取火的方法，这是人类从自然环境的束缚中解放出来的第一个动力，并对人类后来的一些重大技术发明起到举足轻重的作用。恩格斯曾深刻地指出："在实践上发现机械运动可以转化为热是很古的事情，古到可以把这种发现看作人类历史的开端。无论在这个发现以前还有什么样的成就——例如工具的发明和动物的驯养，但是人们只是在学会了摩擦取火以后，才第一次使某种无生命的自然力替自己服务。"[1]"就世界

---

① 恩格斯：《自然辩证法》，人民出版社1960年版，第83页。

性的解放而言，摩擦生火还是超过了蒸汽机，因为摩擦生火使人第一次支配自然力，从而最终把人同动物界分开。"①

由于火的重要性及对于火产生的机理不能进行科学的解释，西方和中国古代社会对于火这一初级能源一直存在一种近似拜物教的崇拜，把宝贵的火看作是万物得以生生不息的根源。

千百年来，西方在希腊神话中塑造了普罗米修斯的英雄形象，称人类是普罗米修斯创造的，普罗米修斯为了解除人类没有火种的困苦，不惜触犯天规，勇敢地盗取天火，从而给人类带来光明和智慧，因此人民不断颂扬普罗米修斯不畏强暴、为民造福不惜牺牲一切的伟大精神。

中国民间有以炎帝或燧人氏为火神的说法，如谓远古时燧人氏钻木取火，使人类进入熟食阶段，后人尊为火神，又称火德真君，定时祭祀，据《韩非子·五蠹》记载："民食果蓏蚌蛤，腥臊恶臭而伤害腹胃，民多疾病。有圣人作，钻燧取火，以化腥臊，而民说（悦）之，使王天下，号之曰燧人氏。"② 由此可见，在人类文明的演化历史上，能源的开发和利用不仅仅改变了人类的生产和生活方式，同时还深入地触及到了人类早期的社会关系乃至作为国家雏形的氏族社会的形成。

"薪柴时代"基本上就是"农耕文明"的代名词，从能源利用角度看，自人类社会产生伊始，到工业文明真正开始，人类在漫长的前工业文明时代一直以薪柴等生物质能源乃至畜力、人力为主要能源。这一时代人类初步掌握了能源利用技术，其基本经济特征是自给自足的农业经济，但是对于能源的科学认识一直停留在宗教信仰和封建迷信的窠

---

① 恩格斯：《反杜林论》，人民出版社1970年版，第112页。
② 《韩非子》（卷十九），《五蠹》（卷四十九），钦定文渊阁四库全书本。

臼之中。

在"薪柴时代"，人类每一次生产力的跃升都与火的使用息息相关。特别是火的使用使金属的发现和冶炼成为可能了。人类在寻找石器时认识了矿石，在烧制陶器时发明了金属冶炼。人类最先学会了炼铜，用铜制造工具。炼铜燃料早期主要使用木炭，在中国六朝至唐宋时期的炼铜遗址中曾发现大量的煤渣，显然是用煤来焙烧，这与木炭相比是一大进步。后来，人们无意中把铜矿和锡矿一块儿冶炼，得到了一种更坚硬的合金，这就是青铜。在发现金属铁以前，青铜成了人类用来做工具和武器的最好材料。人们广泛使用青铜的时期，叫作青铜时代。

由于铜矿、锡矿比较稀少，所以青铜器也不能大量制造。铁矿很容易找到，可是冶炼它需要很高的温度，在中国的春秋后期，发明了皮囊鼓风技术，甚至以水力推动，可以把冶炼温度达到 1200℃ 上下，最终使铁矿石得以融化，得到了杂质更少的液态铁水，冷却后就是生铁，这种使用了高温液体还原法的技术，极大地提高了铁的质量和产量。学会制造青铜器和铁器以后，人类征服自然的能力大大提高，特别是铁器的产生和使用，大大地提高了社会生产力，推动了社会生产的发展，推进了古代社会的进步，春秋战国时期铁犁的出现，反映了中国农具发展史上的重大变革。所以，恩格斯在《家庭、私有制和国家的起源》中，也给予了高度评价："一切文化民族都在这个时期经历了自己的英雄时代：铁剑时代，但同时也是铁犁和铁斧的时代。铁已经在为人类服务了，它是历史上起过革命作用的各种原料中最后的和最重要的一种原料。"①

---

① 《马克思恩格斯选集》第 4 卷，人民出版社 1995 年版，第 163 页。

在"薪柴时代",由于缺少先进的能源利用方式,畜力能的使用是人类征服自然的重要标志。畜力车更加历史久远,相传在中国夏禹时代,名为奚仲者驯马拉车,人们就开始乘坐马车,马车的历史有4000多年,牛车则至少有5000年的历史。第一次世界大战结束后,畜力车逐渐在发达国家被淘汰。而在包括中国在内的发展中国家,由于一些地区铁路和公路运输不十分发达,一些畜力车仍在应用。人类社会由完全依靠自身的生物体能——人力到依靠畜力无疑是在生产力领域中取得的一次重大进步。

就整体而言,在"薪柴时代",人类对于能源的利用仅仅停留在传统的手工作坊的水平,由于缺乏科学理论的指导而导致人类利用和开发能源的水平在整个农耕社会都处于停滞时期,"刀耕火种"成为人类利用能源进行效率低下的生产劳动的真实写照。

煤炭是一种可以用作燃料或工业原料的矿物,它是古代植物经过生物化学作用和地质作用而改变其物理、化学性质,由碳、氢、氧、氮等元素组成的黑色固体矿物。中国是世界上最早利用煤的国家,在辽宁省新乐古文化遗址中,就发现有煤制工艺品,河南巩义市也发现有西汉时用煤饼炼铁的遗址。春秋战国称为"石涅"或者"涅石",到魏晋唐宋时期称为"石炭"又称"石墨",明朝开始称为煤或者煤炭,明朝宋应星在《天工开物》中记载为:"凡煤炭,普天皆生,以供锻炼金石之用。"[1]

但是,煤炭与工业文明紧密联系则是在蒸汽机被发明之后。1782年,英国人詹姆斯·瓦特改良了蒸汽机,使之成为重要的生产工具,标

---

[1] 《辞源》,商务印书馆1983年版,第1050页。

志着人类文明进入一个崭新的阶段——工业文明阶段。在 18 世纪末 19 世纪初，随着蒸汽机在生产中的广泛应用，人们越来越关注热和功的转化问题。于是，热力学应运而生。而在 19 世纪早期，不少人沉迷于一种神秘机械——第一类永动机的制造，直至热力学第一定律发现后，第一类永动机的神话才不攻自破。1824 年，法国科学家卡诺出版了《谈谈火的动力和能发动这种动力的机器》一书，提出了卡诺循环和卡诺定理，主张热是一种物质运动形式，它是不生不灭的，这是历史上关于能量守恒原理的最早表述。随后，汤普生、焦耳等科学家继续阐释和确立了热力学第一定律。热力学第一定律是能量守恒和转化定律在热力学上的具体表现，它指明：热是物质运动的一种形式。这说明外界传给物质系统的能量（热量），等于系统内能的增加和系统对外所做功的总和。它否认了能量的无中生有，所以不需要动力和燃料就能做功的第一类永动机就成了天方夜谭式的设想。

之后，众多科学家发现和总结了热力学的四大定律。有了热力学四大定律的基本知识，现代社会很多工程技术和发明才会应运而生。由此，人类对于能源基本内涵的认识通过现代科学技术的洗礼而日益成熟，摆脱了蒙昧和空想。

人类最早是通过保存自然火种乃至钻木取火开始利用能源的，然而这是仅在技术层面触及能源问题，对于其中实质性的科学原理却是在延迟至几十万年后才认识到。可见，人类对于能源的认识是伴随着整个人类的文明进步史而逐步深化的。

随着科学和技术在能源利用领域同步发挥作用，18 世纪在蒸汽机广泛应用下的工业革命逐步扩大了煤炭的利用，特别是 18 世纪 30 年代发明了用焦煤冶铁的新技术，改变了传统的以木炭为燃料进行冶炼的落后工艺。60年代，出现了巨大的熔铁炉，此后又研究出了精炼法。炼铁技术的革新不但有力地推动了工业革命的进程，而且强劲地促进了煤炭工业的发展。19世纪中期到20世纪中期，煤炭成为世界的主要能源，如1700年英国年产煤炭260万吨，用了蒸汽机后，1835年年产煤炭达到3000万吨，到1920年煤炭占世界商品能源结构的87%，而发明于19世纪70年代的电力与煤炭则更加紧密地结合起来，电力工业使煤炭成为全球工业发展的"血液"，由此蒸汽机革命引领下的"煤炭时代"在能源领域成为工业革命时代的代名词。

现代科学意义上的热力学定律助推了整个蒸汽机时代的技术进步和社会巨变，而从人类科技历史看，一旦在能源问题上的科学与技术获得重大突破并且步调一致产生耦合，那么将会引起在能源领域到科技领域乃至社会领域的重大技术革命和社会变革。

石油又称原油，是从地下深处开采的棕黑色可燃黏稠液体，主要是各种烷烃、环烷烃、芳香烃的混合物，它是古代海洋或湖泊中的生物经过漫长的演化形成的混合物，与煤一样属于化石燃料。最早提出"石油"一词的是公元977年中国北宋编著的《太平广记》。正式命名为"石油"则是根据中国北宋杰出的科学家沈括（1031—1095年）在所著《梦溪笔谈》中的相关记载，他描述说这种油"生于水际砂石，与泉水相杂，惘惘而出"，沈括还断定"此物后必大行于世"。[①]

19世纪后半期，德国人奥托发明的内燃机引发了第二次工业革命，当时是以煤气为主要燃料的。1883年，德国的戴姆勒创制成功第一台立式汽油机，它的特点是轻型和高速，石油逐渐成为内燃机的主要动

---

① （宋）沈括：《梦溪笔谈》（卷二十四），辽宁教育出版社1997年版，第133页。

力。1897 年，德国工程师狄塞尔研制成功了压缩点火式内燃机（柴油机），1913 年第一台以柴油机为动力的内燃机车制成，1920 年左右开始用于汽车和农业机械，由于石油是一种易运输、储藏和燃烧率比较高的能源，所以很快便在世界范围内使用开来。

从 20 世纪 20 年代，石油需求和贸易迅速扩大。到 20 世纪 30 年代末，美、苏成为主要的石油出口国，石油国际贸易开始在全球能源贸易中占据显要位置，推动了能源国际贸易的迅速增长，并动摇了煤炭在国际能源市场中的主体地位。20 世纪 60 年代后，石油成为工业社会中的主要能源供给。1967 年，石油在一次能源消费结构中的比例达到40.4%，而煤炭所占比例下降到 38.8%。由此，在能源领域人类正式进入石油时代。20 世纪末，一些发达国家鉴于石油使用和消费所带来的污染等负面影响，以天然气替代石油，但是并没有改变当今世界能源体系中以石油为主的基本结构。

进入 21 世纪，随着世界经济的发展，为了改变因温室气体排放导致地球变暖所引发的人类面临的生存危机，并且当全球的国际局势正在为油气资源的争夺所困扰时，替代化石类能源的低碳型新能源（包括太阳能、风能、生物质能、氢能等）的应用就成为改变目前全球能源利用现状的必由之路，清洁、高效的"新能源时代"取代"化石能源时代"已经成为一种必然的趋势。随着 21 世纪人类的能源利用进入到一个新的发展阶段，人类对于可利用能源的认识也在随着全球各界生态和环保理念的不断更新而逐步深化，低碳能源的利用日益成为全球关注的焦点。

新能源的探索永无止境。当前，各国对于月球探测方兴未艾。中国科学院院士、中国月球探测计划首席科学家欧阳自远在第 36 届世界空间科学大会上做题为"中国探月计划"的科普报告时透露，月球上的氦—3 在土壤里大概有 100 万—500 万吨，这将是人类社会长期稳定、安全、清洁、廉价的可控核聚变的能源原料，可供人类上万年的能源需求。

第一章　中国能源利用和发展简史

从 18 世纪初到 20 世纪末，随着世界能源技术的两次革命（蒸汽机革命和内燃机革命），中国所面临的国际环境和国际地位经历了巨大的变迁，当今以核能的和平利用为标志的第三次能源革命正在进行，这对于中国的和平发展乃至中华文明的复兴都会产生深远的影响。

第一节　"薪柴时代"：农耕文明下的天朝大国

尽管据考古发现的成果和相关史籍记载中国古代很早就在利用煤炭并对石油有所认识，但薪柴作为第一能源却横亘中国几千年的奴隶社会和封建社会，中国也在小农经济为主要特征的封建时代创造了无与伦比的辉煌农耕文明。同时，中国通过其所创设的"朝贡体系"维持了自身在东亚乃至亚洲的天朝大国地位。

一、以小农经济为特征的"薪柴时代"与处于"朝贡体系"核心地位的中华帝国

人类自从能够"钻木取火"开始步入文明社会，就主要以薪柴等生物质能源乃至畜力、人力为主要能源，所以从能源角度探讨的"薪柴

时代"在某种意义上就是农耕时代——前工业化时代的代名词，其基本经济特征是自给自足的农业经济。"薪柴时代"的自给自足的农业经济特征导致古代中国对于对外经贸的依存度不够，缺乏诸如"煤炭时代""油气时代"中现代国家对外交往的经济动力，而古代中国就以"朝贡"这种特殊方式取代了对外交往，并确立了自身在影响力所及的国际体系中的核心国家地位，这就是主导东亚上千年的"朝贡体系"。

　　"朝贡体系"是自公元前3世纪直至公元19世纪末期，存在于东亚、东南亚和中亚地区的，以中国中原帝国为主要核心的等级制网状政治秩序体系。朝贡体系的雏形是古代中国的畿服制度，通过汉朝的册封制度和唐朝羁縻制度加以完善，1368年明朝建立后确立了朝贡制度，1371年明太祖朱元璋明确规定了安南、占城、高丽、暹罗、琉球、苏门答腊、爪哇、湓亨、白花、三弗齐、渤泥以及其他西洋、南洋等国为"不征之国"，实际上确立了中国的实际控制范围。同时他确定了"厚往薄来"的朝贡原则，这一原则表现为进贡国只要象征性地进贡一些礼品乃至实物，中国就会赏赐更多的物品以显示天朝大国的威仪而淡化朝贡所带来的经济意义。由此最后确立了朝贡体系成为东方世界的通行国际关系体制。在这个体制中，中国中原政权成为一元的中心，各朝贡国承认这一中心地位，构成中央政权的外藩。1644年，清朝建立了对中国大陆地区的统治，保留了明朝的朝贡体系。1842年，中国政府被迫与英国签订了《中英南京条约》，首次以文字规定了中国和外国平等往来，朝贡体系的基础遭到了不可挽回的动摇。

　　"朝贡体系"建立的基础在于中国在前工业时代所创造的辉煌的农耕文明和先进的科学技术。以郑和下西洋为例，从1405年到1433年，明成祖委派郑和七下西洋，主要意图在于向西洋诸国宣示中国的富强，让他们在朝贡的名义下同中华帝国进行贸易往来。当时郑和船队的主要能源动力来自风力和人力，而郑和船队亦集中了其时世界上一流的能源动力技术和航海技术，包括天文航海技术（把航海天文定位与导航罗盘的应用结合起来）和地文航海技术（以海洋科学知识和航海图为依据，运用了航海罗盘、计程仪、测深仪等航海仪器，按照海图、针路簿记载来保证船舶的航行路线）以及世界上现存最早的航海图集——《郑和航海图》。尤其值得关注的是船队中的宝船装备有指南针、牵星板、披水板、船尾舵和风帆，从而能够在逆风顶水情况下航行，其中最大的宝船可容纳上千人，长四十四丈四尺，宽十八丈，载重量八百吨，船上的铁舵需要二三百人才能举动，这种船是当时世界上最大的船只。郑和的船队能够航行全球几大洲其动力主要靠风能，船遇逆风侧风，只要将帆面倾斜到一定角度，风力吹到帆面上就会形成垂直于帆面的力，从而推动船舶前进。[①]在没有实现大机器化的农耕时代，这种航海中以风能为动力的能源动力技术在当时的世界上是最先进的。

农耕文明时代，畜力在农业生产领域中不断推广。例如，中国唐代，南方边陲地区农业生产中使用畜力的情况在文献上已经有明确记载，《新唐书》二百二十二卷《南诏传》（上）载："犁田以一牛三夫，前挽、中压、后驱。然专于农，无贵贱皆耕。"由此可见，当时牛耕在当地已经具有一定的普遍性。伴随着耕具特别是铁犁的改进与完善，这种耕作方式促使中国农耕文明达到当时世界的领先水平。中华民族在"薪柴时代"经过了几千年的发展，到清朝的康乾盛世其农业、手工业、

---

① 船舶航行时操纵的方法大体上是，将船头调向左或右前方偏斜前进，此时视风角若干，将帆面调到有利帆角，在此折线航行段中打偏航行，当航行到一个航段完时，将船头以大角度迎风移到另一方向斜行，再以右舷受风，主帆随着转向，开始第二个折线航段中的打偏航行。这样船舶沿"之"形的曲折航线借风驶帆前进。

贸易、城市发展都曾经达到最高水平。1799 年（乾隆终年），全国共有耕地 10.5 亿亩，粮食产量达到 2040 亿斤。[①] 中国的粮食收获率也高于英国，麦子的收获率为 15：1，而在欧洲居于首位的是英国为 10：1。[②] 可见中国农业的生产力居世界一流水平。19 世纪初，全球拥有 50 万人口以上的城市有 10 个，中国占了 6 个（包括北京、南京、扬州等）。

二、"闭关锁国"必然导致天朝大国的盛极而衰

作为能源的"薪柴"，其基本社会属性在于"非商品化"，普遍适用于"男耕女织"的农业社会，一家一户通过自身的简单分工组织生产就能满足基本的生活需要，从而也就形成无数个较为独立的封闭性的社会细胞，商品交流不在整个社会体系中居于主导地位或者极端不受重视，因此整个社会普遍缺乏活力和创新精神，容易故步自封，如同死水一潭。

在以自给自足为主要特征的"薪柴时代"，中国通过创设的"朝贡体系"确立了自身的天朝大国地位，同时"薪柴时代"中封建国家所特有的"重农抑商"政策导致明清两代的中国拒绝对外交流、闭关锁国，以"朝贡"直接取代了对外贸易。

明朝初年，朱元璋就立下了"不许寸板下海"的祖训。后"海禁"也曾一度略有松弛，特别是作为统治者的明成祖本人还大张旗鼓地委派郑和七次前往西洋。之后，为了防御倭寇的侵扰，又开始厉行"海禁"，特别是 1523 年（明朝嘉靖二年）五月，日本藩侯的两个朝贡使团在宁波为入贡资格问题爆发了"争贡之役"，使很多无辜的中国军民被杀或被掳，由此明朝统治者认为"倭患起于市舶，遂罢之"，并对日

---

① 戴逸：《乾隆帝及其时代》，中国人民大学出版社 1992 年版，第 286—296 页。
② 张联芝主编：《中英通使二百周年学术研讨会论文集》，中国社会科学出版社 1996 年版，第 188 页。

本"闭绝贡路",实行更加严厉的海禁政策。

清朝初期,清政府为防范占据台湾岛的郑氏集团帮助明朝势力死灰复燃,采取了海禁政策,目的是从根本上有效遏止沿海居民资助郑成功等反清势力。与之形成鲜明的对比,18世纪中叶,西方资本主义国家已开始工业革命,其海外贸易日益扩张。特别是以英国东印度公司为首的西方商人,一直强烈渴望寻找机会打开中国市场。当时,在中国沿海的4个通商港口,前来进行贸易与投机的洋商日益增多。与此同时,南洋一带也经常发生涉及华人的事端,这些情况很快引起了清朝政府的忧虑,认为这样的商贸交流会动摇大清国的"国本"。1757年(乾隆二十二年),乾隆帝降旨下令除广州一地外,停止厦门、宁波等港口的对外贸易,这就是所谓的"一口通商"政策。这一命令,标志着清政府彻底奉行起闭关锁国的政策。此后直至鸦片战争以前,清政府一直奉行这种"闭关锁国"的对外政策,其主要内容包括:对来华的外国人的商务活动、居留期限、场所、行动范围、华夷交往等作出限制;建立公行制度,限制对外贸易。清朝前期实行这种政策的原因:一是封建的自然经济比较稳定,自给自足,不需要外来商品;二是清统治者害怕外国商人与沿海人民接触,威胁其统治,正如乾隆帝针对英国访华使团提出扩大通商的要求,在给英王乔治三世的信中讲道:"天朝物产丰盈,无所不有,原不藉外夷货物以通有无。"①

清政府的闭关锁国政策推行了近两百年,中国对外贸易日益萎缩,清朝时只开广州一处对外通商口岸,规定由政府特许的"十三行"统一经营对外贸易,出口商品仅占商品总量的3%左右。更为严重的是,在

---

① 《粤海关志》卷二三,第8页。

西方世界的工业革命如火如荼之际，一度辉煌的中华帝国却妄自尊大地对世界关起了大门，自我封闭，人为地阻滞了对于西方先进科学技术的传播和吸收，结果痛失一次良好的发展机遇，前进的脚步逐渐迟滞，远远地落在西方世界之后，国势衰微，日暮西山，最终沦为西方列强的附庸。

第二节　"煤炭时代"：半殖民地化的中国

煤炭一旦成为人类社会的主要能源，就意味着工业社会的来临，但是紧随着工业社会的是国际贸易的盛行，在工业革命的浪潮中落后于西方列强的中国成为当时国际关系体系下的受害者，沦为其刀俎之上的肥美鱼肉，进入到了畸形的半殖民地、半封建社会。

一、蒸汽机革命引领下的"煤炭时代"与"朝贡体系"的瓦解

1782 年（乾隆四十七年），英国人詹姆斯·瓦特改良了蒸汽机，使之成为重要的生产工具，标志着人类文明进入一个崭新的阶段——工业文明阶段。而火车、轮船、铁路，这些近代化的交通运输工具，对于 19 世纪前期的中国来说，仍然是遥远且闻所未闻的事情。[1]

从英国工业革命开始，强大的蒸汽成为了工业的动力，水力、风力、畜力和人力都成为了辅助的东西；随着冶炼技术的提高，欧洲人逐渐用铁制造工具，其精度、密度和耐用度及工作效率都大大超过了中国传统的以木质为主的机器，甚至制成了蒸汽推动的铁制海轮。火器

---

[1]　郝侠君等主编：《中西 500 年比较》，中国工人出版社 1989 年版，第 257 页。

得到了发展，重要部件成为钢铁材料，结构得以改善，性能大大提高，中国的传统火器已经相形见绌。[①] 封闭的中华帝国与西方的工业革命无缘，清朝在军事上竟然废弃了大炮等热兵器，恢复大刀、长矛、弓箭等冷兵器，从而注定了在鸦片战争中惨败的命运。

西方工业革命的后果不仅仅使中国在科技及经济和社会发展方面全面地落后于西方，更为可怕的后果是，生产力急剧膨胀的煤炭工业时代促使西方国家向全世界扩张的步伐骤然加快，海外贸易、炮舰外交、不平等条约使中国天朝大国的梦想彻底破灭。1648 年，《威斯特伐利亚》条约签订，条约体系逐渐成为欧洲国家之间的主要国际交流体系。随着欧洲国家同东方世界逐步接触，西方的威斯特伐利亚体系与东方的朝贡体系这两种截然不同的国际关系体系之间便开始碰撞，但是没有相互替代，而是并存了近两个世纪。从 1840 年开始，西方列强不断用坚船利炮撞击中国的大门，日益衰弱的中国经历了鸦片战争、第二次鸦片战争、中法战争、中日甲午战争及八国联军侵华等战争并多次遭遇惨重失败，被迫签署《中英南京条约》《中日马关条约》等若干不平等条约，逐步沦为半殖民地半封建国家。作为东亚朝贡体系核心国的中国完全变成了任列强宰割的对象，东亚社会以中国为核心的朝贡体系被彻底打破，中国被强行并入了西方列强建立的条约体系中，所不同只是要求其"履行"条约中规定的义务而不享有相应的权利。

对此，马克思在《鸦片贸易史》中指出："一个人口几乎占人类三分之一的大帝国，不顾时势，安于现状，人为地隔绝于世并因此竭力以天朝尽善尽美的幻想自欺。这样一个帝国注定最后要在一场殊死的

---

① 王鸿生：《中国历史中的技术与科学——从远古到今天》，中国人民大学出版社 1997 年版，第 220 页。

决斗中被打垮：在这场决斗中，陈腐世界的代表是激于道义，而最现代的社会的代表却是为了获得贱买贵卖的特权——这真是一种任何诗人想也不敢想的一种奇异的对联式悲歌。"[①]

二、"煤炭时代"的中国饱受主权沦丧与经济殖民化的双重灾难

鸦片战争后，在清朝统治阶级内部开始了"洋务运动"，这是在"军事救国论"的基础上，试图学习西洋的军事技术实现自强的尝试。1863年，李鸿章在上海购建了三所洋炮局；1865年，李鸿章购买了两家英美的机器厂，成立江南机器厂。"洋务运动"是中国近代化的开端，虽然中国搞洋务运动开始比日本早，规模比日本大，但是在社会根本矛盾得不到解决的情况下，科学技术不可能完全真正地融入社会体系之中，随着中国在中日甲午海战中的惨败，中国这种改良式的"技术救国"的梦想归于破灭。

在工业化为基本特征的"煤炭时代"，中国丧失了基本的国家主权，导致以能源技术为核心的先进的工业技术与当时的中国社会无法进行有效的整合，也就不能形成雄厚的经济实力和先进的国防实力，这种情势在通过辛亥革命建立中华民国后仍然没有根本的改变。与此同时，对煤炭等主要能源和资源的强劲需求却成为西方工业国家频频对外扩张的基本动力，中国在煤炭等方面得天独厚的能源优势则使其经常招致列强的觊觎并遭到野蛮攫取，因此中国的能源优势反而导致其成为国际关系体系中的"受害者"。

---

① 《马克思恩格斯选集》第 1 卷，人民出版社 1995 年版，第 716 页。

1898 年 4 月，中德签订的《胶澳租借条约》规定："德国在山东境内自胶州湾修筑南北两条铁路，铁路沿线两旁各三十华里以内的矿产，德商有开采权。"此后，英、俄、法、日相继取得了类似的权利。据不完全统计，从 1895 年至 1912 年间，帝国主义攫取中国煤矿权的条约、协定和合同共 42 项（包括其他矿藏），涉及辽、吉、黑、滇、桂、川、皖、闽、黔、鲁、浙、晋、冀、热、豫、鄂、藏、新等 19 省，开办了开平、滦州、焦作、孟县、平定州（现平定县）、潞安、泽州、平阳府属煤矿、本溪湖、临城等规模较大的煤矿。外资煤矿的产量占中国当时煤矿总产量的 83.2%，基本上控制了中国的煤炭工业。帝国主义的侵略激起了中国人民的反抗，从 1903 年起，全国各地掀起了收回矿权运动，1911 年达到高潮。

20 世纪 30 年代，受 1929 年世界经济危机的影响，日本通过发动侵华战争以转嫁其经济危机。在日本侵占中国东北三省和华北后，首先通过对于煤炭等战略性能源及资源的掠夺性开采来满足本国的军需工业，这种不顾大批劳工的死活的开采，被称为"人肉开采"。以东北抚顺煤矿为例，日本从抚顺煤矿共计开采优质煤炭 2 亿多吨，1936 年以前，每年从东北向日本输出的煤炭达 400 万吨，其中抚顺煤约占半数以上。这是因为抚顺煤的煤质好，被日本人称为"东洋标准煤"，所以日本各工厂都争相使用之。特别是要确保军事工业。如日本最大的海军工厂——吴工厂几乎全部使用抚顺煤。[1] 在本溪，从"九·一八事变"到日本战败时为止，日本在本溪掠夺的煤炭为 1045 万吨，焦炭 316 万吨，生铁 260 万吨（其中低磷铁为 167 万吨），特殊钢 11841 吨，

---

[1]　史丁：《日本关东军侵华罪恶史》，《第七部分：关东军与伪满经济》，社会科学文献出版社 2005 年版。

钢材 5796 吨，本溪所产的煤 68.4% 被作为炼铁的燃料用于日本所控制的制铁工业。[①] 当前，中国东北地区的大型煤矿、铁矿如阜新、抚顺、鹤岗、北票、本溪纷纷进入矿产资源枯竭期，这与当年日本对于中国煤炭资源的掠夺性开采有着相当大的关系。据不完全统计，从 1931 年"九·一八事变"到 1945 年 8 月日本投降的 14 年里，按 1937 年的币值计算，日本侵略给中国造成的直接经济损失达 1000 多亿美元，间接经济损失达 5000 多亿美元，掠夺煤炭 5.86 亿吨，木材 1 亿立方米。

日本战败后，苏联通过雅尔塔秘密协定接管了日本在中国东北的部分特权，包括苏联租借大连为商港、旅顺为军港，对于中东铁路和南满铁路由中苏共同经营等。一直到中华人民共和国成立后，苏联的这些特权才被逐步取消。

在整个煤炭时代，全球经历了威斯特伐里亚、凡尔赛、维也纳、雅尔塔等多个条约体系的更迭，国际局势处于不断的更迭变化之中；而"煤炭时代"的中国由于科学技术上的落后和社会制度的腐朽直接导致国家主权的丧失，并成为当时国际关系体系中的受害国，这是毋庸置疑的事实。

第三节　"油气时代"：自立自强的新中国

新中国的工业历史伴随着大庆精神的传承，中国摘掉了"贫油国"的帽子，新中国石油人找油找气的历程就是一部自立自强的共和国奋斗史。

----

① 关捷主编：《日本对华侵略与殖民统治》（上），社会科学文献出版社 2006 年版，第 581 页。

一、"油气时代"——当今人类所处的工业文明阶段

随着石油成为工业社会的血液，石油危机也不断侵扰全球经济。1960 年 12 月，石油输出国组织（OPEC）成立，主要成员包括伊朗、伊拉克、科威特、沙特阿拉伯和南美洲的委内瑞拉等国，成为世界上控制石油价格的关键组织。1973 年 10 月，第四次中东战争爆发，为打击以色列及其支持者，石油输出国组织的阿拉伯成员国当年 12 月宣布将其原油价格从每桶 3.011 美元提高到 10.651 美元，从而触发了第二次世界大战之后最严重的全球经济危机。持续三年的石油危机对发达国家的经济造成了严重的冲击。在这场危机中，美国的工业生产下降了14%，日本的工业生产下降了 20% 以上，所有的工业化国家的经济增长都明显放慢。1978 年年底，世界第二大石油出口国伊朗的政局发生剧烈变化，伊朗亲美的国王巴列维下台。此时又爆发了两伊战争，全球石油产量受到影响，从每天 580 万桶骤降到 100 万桶以下。随着产量的剧减，油价在 1979 年开始暴涨，从每桶 13 美元猛增至 1980 年的34 美元。此次危机成为 20 世纪 70 年代末西方经济全面衰退的一个主要原因。

近年来，由于国际石油投机商的炒作以及产油地政局不稳，国际石油价格不断动荡。2004 年 1 月初，纽约商品交易所原油期货价格为每桶 32 美元左右，而到了 10 月 25 日，国际原油期货价格居然达到了每桶 55.67 美元，涨幅达 73%。受到投资者担心原油供应紧张以及美元贬值等因素影响，国际原油期货价格 2008 年 1 月 2 日在历史上首度突破每桶 100 美元大关。2008 年 7 月 11 日，由于市场担心中东地区局势紧张有可能影响全球原油供应，国际油价再度刷新历史最高纪录，纽

约、伦敦两地油价首次在盘中双双突破每桶147美元。2008年12月18日，纽约商品交易所1月份交货的轻质原油期货价格暴跌至每桶36美元，包括中国在内的发展中国家在油价"过山车"般震荡中蒙受重大损失，其中蕴含着国际形势的动荡和国际金融投机的阴影以及发达国家把持资源的定价权等诸多不合理因素。

20世纪50年代以后，由于石油危机的爆发对世界经济造成巨大影响，国际舆论开始关注起世界"能源危机"问题。许多人甚至预言：世界石油资源将要枯竭，能源危机将是不可避免的。日益严峻的现实说明，如果不作出重大努力去利用和开发各种能源资源，那么人类在不久的未来将会面临能源短缺的严重问题。

二、内燃机革命引领下的"油气时代"与逐步自立自强的新中国

1949年，中华人民共和国成立后，新中国本着"另起炉灶""打扫干净屋子再请客"等建交原则废除了一系列不平等条约，收回了中国的主权。而新中国成立时，以美国为首的西方帝国主义国家不承认新中国，对新中国采取封锁、孤立、包围和敌视的政策。

第二次世界大战后，美国一度掌握世界原油产量的2/3，石油成为美国建立世界霸权道路上的重要助推剂。新中国成立后，以美国为首的西方国家为了扼杀这个社会主义新生政权对于中国进行石油等战略资源的禁运。1951年5月18日，美国操纵五届联大通过对中国实行禁运的决议，提出："兹建议每一个国家：对中华人民共和国中央人民政府和北朝鲜当局控制下的地区实行禁运武器、弹药和战争工具、原子能材料、石油、具有战略价值的运输器材以及对制造武器、弹药和战

争工具有用的物资"①。

在政治上独立的同时，新中国迫切需要在经济建设上自立自强，为了摆脱西方国家的封锁，维护国家经济安全，发展石油工业成为新中国工业布局的重中之重，国家在第一个五年计划中着重提出："工业方面，我国机器制造的能力和水平都还不可能满足国民经济各部门实行技术改造的需要，许多大型和精密的机器设备还不能制造，某些工业部门如石油工业的落后状况还不可能有很大的改变""特别是我国的石油工业的产量很低，同需要的程度相差很远，我们必须努力地去找寻更多的石油资源和研究发展人造石油工业的办法，以便把石油工业的建设规模加以扩大"。②

长期以来，在"中国贫油论"的影响下，中外不少地质学家对我国石油资源远景抱着悲观的看法，他们认为，中国永远也不能生产大量的石油。以李四光为代表的我国地质工作者，运用地质力学的原理，总结了世界找油的经验，分析了我国的地质条件，提出了新的见解，指出中国绝不是一个贫油的国家，在我国辽阔的疆域之内，有蕴藏石油的良好地质条件。在这一科学理论的指引下，20世纪50年代末大庆油田被发现，从而成为我国石油发展工业史上的一个重要转折。从1960年6月1日大庆运出第一批原油，到3年之后大庆油田会战结束，1963年原油产量达到了647.7万吨，石油产品产量占全国消费量的71.5%。中国石油结束了用"洋油"的时代，当年12月周恩来总理在第二届全国人民代表大会第四次会议上庄严宣布："我国需要的石油，现在可以

---

① 赵明东：《巨大的转变：战后美国对东亚的政策》，天津人民出版社2002年版，第92页。

② 李富春：《关于发展国民经济的第一个五年计划的报告——在一九五五年七月五日至六日的第一届全国人民代表大会第二次会议上》，《人民日报》1955年7月8日第2版。

基本自给了。"①毛泽东主席非常高兴,于翌年发出"工业学大庆"的号召。大庆精神是中国能源领域自立自强的重要体现,同时代表了中国人民追求独立自主的民族精神,20 世纪 60 年代那场波澜壮阔的大庆石油大会战,不但使中国"贫油论"的帽子一举被甩掉,而且培育了以大庆精神、铁人精神为核心内容的享誉中外的优秀石油文化。1978 年 12 月 18 日,中国原油年产量达到 1 亿吨,进入世界产油大国的行列,列世界第八位。

1949 年新中国成立时,全国一次能源的生产总量只有 2400 万吨标煤。到 1953 年,经过新中国成立初的经济恢复,一次能源生产总量已经达到 5200 万吨标煤,一次能源消费也达到了 5400 万吨标煤。随着中国社会主义经济建设的展开,中国的能源工业得到了迅速的发展,到 1980 年一次能源生产和消费分别达到了 6.37 亿吨和 6.03 亿吨标煤,同 1953 年相比,平均年增长 9.7% 和 9.3%。

新中国成立后,中国国际地位的巩固首先是经济地位的独立自主,而经济上的独立自主首先在于能源领域的独立,不再受制于人。伴随着中国在以石油工业为代表的现代工业领域逐步走向自立自强,中国在包括能源技术在内的一系列尖端科技方面取得了许多重大成就,20 世纪 60 年代原子弹、氢弹的爆炸以及 1970 年中国成功发射了第一颗人造地球卫星使中国的国际地位显著提升,对此邓小平同志评价说:"如果 60 年代以来中国没有原子弹、氢弹,没有发射卫星,中国就不能叫有重要影响的大国,就没有现在这样的国际地位。这些东西反映一个民族的能力,也是一个民族、一个国家兴旺发达的标志。"②

---

① 《1965 年实现石油全部自给》,《人民日报》1981 年 7 月 14 日第 5 版。
② 《邓小平文选》第三卷,人民出版社 1993 年版,第 279 页。

政治上的独立自主、经济上的自立自强、科学技术领域的快速进步推动着中国成为国际上有影响的大国，20 世纪 70 年代中国恢复了在联合国的合法席位，20 世纪末中国相继收回昔日作为英、葡殖民地的香港和澳门。

在冷战后期（20 世纪 70—80 年代），尽管中国的国家实力与美苏两个超级大国差距很大，但是由于其举足轻重的国际地位，使中国成为中美苏大三角关系中的重要一极，为国际局势的稳定和争取广大发展中国家的权益发挥了不可替代的作用。因此，邓小平指出："世界格局将来三极也好，四极也好，五极也好，所谓多级，中国算一极。中国不要自己贬低自己，怎么样也算一极。"[①]

第四节　"新能源时代"：新时代的现代化强国

进入 21 世纪，清洁、高效的"新能源时代"取代"化石能源时代"已经成为一种必然的趋势。

一、人类期待以核能的和平利用为标志的"新能源"时代

进入 21 世纪，随着世界经济的发展，为了改变因温室气体排放导致地球变暖所引发的人类面临的生存危机，并且当全球的国际局势正在为油气资源的争夺所困扰时，替代化石类能源的低碳型新能源（包括太阳能、风能、生物质能、氢能等）的应用就成为改变目前全球能

---

① 《邓小平文选》第三卷，人民出版社 1993 年版，第 353 页。

源利用现状的必由之路。

当前，伴随着日益严峻的国际能源形势，全球气候变暖问题日益突出，国际社会呼吁在现有工业社会产能的基础上进行全方位节能减排，特别是千方百计地减少二氧化碳的排放以阻止全球气候变暖的步伐，由此各个国家和政府逐渐把眼光转向了清洁能源，特别青睐那些"绿色环保"型的低碳型能源，因此当前国际社会提倡以碳排放量为标准把可利用能源分为低碳和高碳型能源。根据当前全球能源发展所出现的这一新规律，人类能源的利用趋势总体上是从"高碳低氢"到"低碳高氢"，再争取向"无碳全氢"方向发展。

随着技术进步和规模化带来的单位造价持续下降，用不了多久，新能源的使用价格将全面低于传统化石能源的价格。世界经济的每一次重大转型，都与能源变革息息相关。近年来，以风力和太阳能发电为主的新能源发展势头强劲，以化石能源为主的能源开发利用方式面临挑战，一场历史性的能源变革正在全球范围内孕育。与人类历史上的前两次能源变革不同，中国有能力成为这轮能源革命的主要推动者。

当前，以核能的和平利用为标志的"新能源"时代已经呼之欲出。核能的和平利用技术分为核裂变和核聚变。当然，铀核裂变的主要燃料——铀的资源并不是无限的，并且铀资源在地球上分布不均，所以对于缺少铀资源的国家而言，铀核裂变并不能摆脱能源短缺的困境。长远来看，人类要把希望寄托在利用核聚变上，因为核聚变的燃料重氢即氘，是从海水中所含的重水中提取的，资源可供开采几十亿乃至上百亿年，但是核聚变研发尚处于探索阶段，商业化应用也未提上日程。

当今社会，人类对于未来如何解决能源问题在科学理论的层面上已经认识得相对清晰了，如核聚变能源、月球能源的开发和利用就是如此，海水中的氘和氚、月球上的氦—3 是客观存在的，但是在相应的科学和技术条件下才能转化为人类所利用的能源，所以热核聚变和月球上的氦—3 的商业化应用前景在未来几十年内会很渺茫，尤其是在技术层面上还要有很长的一段路要走。

总体而言，以核能的和平利用为代表的新能源的开发和应用会受到社会、经济等诸多条件特别是科技进步的制约，而科学与技术对于解决能源问题的助推作用经常是不同步的，一旦同步就意味着技术革命和社会变革的到来。

二、以核能的和平利用为标志的"新能源时代"关系到中国的和平发展

核心能源的转换是 18 世纪以来大国地位消长的重要影响因素，是工业文明将化石能源放到了核心的位置。中国是世界上少数几个没有完成由薪柴到煤炭，由煤炭到油气为主两大转变的国家；中国农村居民还有不少靠薪柴作为生活燃料，中国的商品能源也还是以煤炭为主体，石油和燃气在能源结构中的比重逐步上升。

近年来，中国对能源进口的依赖性日益突出，以石油进口为例，中国作为主要的能源消费和净进口国，由于每年都有大量的能源进口，尤其是原油和提炼油进口量较大。2009 年 7 月，由社科文献出版社出版的《2009 年中国能源蓝皮书》预测，到 2020 年，我国的石油对外依存度将上升至 64.5%，因此必须对中国未来的能源安全状况保持警醒。当然，中国目前的整体能源对外依存度并不高，只达到 4% 左右。

面对"新能源"时代的到来，中国的和平发展既面临着巨大的机遇，也要接受严峻的考验。冷战结束后，中国的和平发展引起全球的关注，

2007 年 1 月 22 日出版的美国《时代周刊》的封面标题是《中国：一个新王朝的开端》，文内标题用的则是《中国世纪》，通过《时代》驻北京、曼谷、巴黎甚至包括非洲多个国家共 12 名记者的联合采访报道，为读者勾勒出了"中国世纪来临"的画面：中国的经济和外交实力持续上升，海外投资和对全球天然资源的需求左右了世界经济，外交上也积极进取，而美国的相对力量则在下滑，因此 21 世纪是中国的世纪。[①]

　　当然，中国和平发展的意义不再是与其他大国进行传统安全领域的军事实力的较量，而是看在这种和平与发展作为主题的时代背景下是否能够占领科技的制高点。

　　进入 21 世纪，当全球的国际局势正在为油气资源的争夺所困扰时，以核能的和平利用为标志的"新能源时代"已经悄然来临。一个国家核能和平利用技术的水平是衡量其综合科技实力的重要标志之一。以核能为例，中国核能事业创建于 1955 年，在较短的时间里，以较少的投入，走出了一条适合中国国情的发展道路，取得了举世瞩目的成就。20 世纪 80 年代以来，以核电建设为重点，中国核能和平利用得到较快发展，规模不断扩大，科技水平不断提高，呈现了良好的发展势头。中国自主设计建设的第一座核电站——秦山核电站于 1991 年建成投产，结束了中国无核电的历史。1994 年建成投产的大亚湾核电站开创了中外合作建设核电站的成功范例。截至 2008 年，中国在役核电机组共计 11 台，核电装机容量达到 910 万千瓦，占中国电力装机容量的 1.3%，2007 年中国核电发电量为 628.62 亿千瓦时，占全国总发电量的 1.92%，同时在役核电站管理水平不断提高，安全运行状况良好，性能指标继

---

① 美国时代封面文章：《中国将和平崛起（全文）》，见 http://news.phoenixtv.com/opinion/200701/0122_23_66602.shtml。

续保持较高水平。发展核电在国际上是大势所趋,中国确定了到2020年建成四千万千瓦核电目标。[①]

国内外权威机构发布的数据显示,在全球能源世界中,中国很多项目位居榜首,而这些"世界第一"勾勒出中国能源生产的绿色图景。

——中国是全球最大的可再生能源生产和消费国。

——中国是全球最大的可再生能源投资国。

——中国水电、风电、太阳能光伏发电装机规模居世界第一。

——中国核电在建规模居世界第一。

——中国是全球最大的新能源汽车生产和消费国。

当前,我国煤炭、石油等化石能源产量正在削减,但可再生能源生产健步如飞。国家发展改革委、国家能源局等发布的数据显示,2016年我国煤炭产量同比下降9.4%;原油产量同比下降7.3%;太阳能发电量同比增长69%;风力发电量同比增长29.4%。1952年开始发布的《BP世界能源统计年鉴》被认为是全球能源世界的重要观察者。最新一期年鉴显示,2016年,中国可再生能源消费量86.1百万吨油当量,同比增长33.4%,占全球可再生能源消费量的20.5%,成为全球最大可再生能源消费国。

BP集团首席经济学家戴思攀说,中国正引领着全球可再生能源加速发展。2016年中国贡献了全球可再生能源增长的41%,超过经合组织的总增量。最近10年间,中国可再生能源消费量的全球占比由2%提升至20.5%。

因此,处于可持续发展的考量,中国不能再走其他发达国家的能

[①] 中国核能界人士:《中国核电发展"春天来了"》,见 http://www.chinanews.com.cn/cj/cyzh/news/2008/06-18/1284759.shtml。

源替代路线，必须紧跟全球"新能源时代"的步伐，特别要在新能源技术的研发和推广方面加大力度。20 世纪 80 年代末，诞生了国际热核聚变实验堆（ITER）项目。2006 年 5 月，国际热核聚变实验堆项目联合实施协议的签署，标志着国际核聚变工作进入了实验堆研究阶段，中国也成为该项目的重要成员。一旦核聚变在技术上实现完全意义上的突破并进入商业化运作，中国的能源安全问题和全球的能源危机有望得到彻底性的解决。核能和平利用产业对国民经济发展、国防建设和人民生活水平的提高起着重要的作用。

从"薪柴时代"到"新能源时代"，中国的国际地位经历了多次变迁，其中可以得出的几点经验与教训在于：以能源技术为先导的科技水平的落后必然导致国力的衰微甚至主权的沦丧；科技的进步并与社会相结合的前提在于国家的主权独立；未来国家间的竞争在于以能源技术和新型替代能源为核心的综合国力的竞争。

第二章　新时期中国能源安全形势

中国能源安全问题已经成为涉及中国国家安全的重大问题，需要政策的制定者从战略和全局的高度加以把握，特别要认清中国能源资源的禀赋与结构性特征，重视中国能源安全体系所面临的挑战。

第一节　中国能源资源状况与能源结构

中国能源资源有总量丰富、人均拥有量较低、分布不均衡、开发难度较大等特点，而中国以煤炭为主体的能源结构决定中国的工业化道路不能简单借鉴西方发达国家的发展模式和路径。

一、中国的能源资源禀赋状况

中国能源发展面临着诸多挑战。能源资源禀赋不高，煤炭、石油、天然气人均拥有量较低。能源消费总量近年来增长过快，保障能源供应压力增大。化石能源大规模开发利用，对生态环境造成一定程度的影响。

中国以煤、油、气为代表的能源状况具有以下特点：[①]

[①]　相关数据来源：《中国的能源状况与政策》，中华人民共和国国务院新闻办公室 2007 年 12 月于北京发布。

第一，能源资源总量比较丰富。中国拥有较为丰富的化石能源资源。其中，煤炭占主导地位。2006 年，煤炭保有资源量 10345 亿吨，剩余探明可采储量约占世界的 13%，列世界第三位。已探明的石油、天然气资源储量相对不足，油页岩、煤层气等非常规化石能源储量潜力较大。

2011 年国土资源部首次向公众发布《全国油气资源动态评价 2010》，评价结果显示全国石油地质资源量 881 亿吨、可采资源量 233 亿吨，全国天然气地质资源量 52 万亿立方米、可采资源量 32 万亿立方米。

中国拥有较为丰富的可再生能源资源。水力资源理论蕴藏量折合年发电量为 6.19 万亿千瓦时，经济可开发年发电量约为 1.76 万亿千瓦时，相当于世界水力资源量的 12%，列世界首位。

2011 年，中国一次能源生产总量达到 31.8 亿吨标准煤，居世界第一。其中，原煤产量 35.2 亿吨，原油产量稳定在 2 亿吨，成品油产量 2.7 亿吨。天然气产量快速增长，达到 1031 亿立方米。电力装机容量 10.6 亿千瓦，年发电量 4.7 万亿千瓦时。能源综合运输体系发展较快。石油管线长度超过 7 万公里，天然气主干管线长度达到 4 万公里。电网基本实现全国互联，330 千伏及以上输电线路长度 17.9 万公里。国家石油储备一期项目建成，能源应急保障能力不断增强。

中国积极发展新能源和可再生能源。2011 年，全国水电装机容量达到 2.3 亿千瓦，居世界第一。已投运核电机组 15 台、装机容量 1254 万千瓦，在建机组 26 台、装机容量 2924 万千瓦，在建规模居世界首位。风电并网装机容量达到 4700 万千瓦，居世界第一。光伏发电增长强劲，装机容量达到 300 万千瓦。太阳能热水器集热面积超过 2 亿平方米。积极开展沼气、地热能、潮汐能等其他可再生能源推广应用。非化石能源占一次能源消费的比重达到8%，每年减排二氧化碳6亿吨以上。

2016年，我国能源生产出现21世纪以来首次下降。根据中国能源研究会召开的能源经济形势专家论坛发布的《2016年能源经济形势分析及2017年展望》指出，2016年1月至11月，我国煤炭生产下降10%，原油生产下降6.9%，天然气生产增速放缓1.2个百分点，综合测算下来预计全年能源生产负增长5%，是进入21世纪以来首次负增长。据了解，改革开放以来，我国能源生产负增长只出现过3次，分别为1980年、1981年和1998年。

第二，人均能源资源拥有量较低。中国人口众多，人均能源资源拥有量在世界上处于较低水平。煤炭和水力资源人均拥有量相当于世界平均水平的50%，石油、天然气人均资源量仅为世界平均水平的1/15左右。耕地资源不足世界人均水平的30%，制约了生物质能源的开发。

中国大力推进能源节约。1981—2011年，中国能源消费以年均5.82%的增长，支撑了国民经济年均10%的增长。2006—2011年，万元国内生产总值能耗累计下降20.7%，实现节能7.1亿吨标准煤。实施锅炉改造、电机节能、建筑节能、绿色照明等一系列节能改造工程，主要高耗能产品的综合能耗与国际先进水平差距不断缩小，新建的有色、建材、石化等重化工业项目能源利用效率基本达到世界先进水平。淘汰落后小火电机组8000万千瓦，每年可由此节约原煤6000多万吨。2011年，全国火电供电煤耗较2006年降低37克标准煤／千瓦时，降幅达10%。

第三，能源资源赋存分布不均衡。中国能源资源分布广泛但不均衡。煤炭资源主要赋存在华北、西北地区，水力资源主要分布在西南地区，石油、天然气资源主要赋存在东、中、西部地区和海域。中国主要的能源消费地区集中在东南沿海经济发达地区，资源赋存与能源消费地域存在明显差别。大规模、长距离的北煤南运、北油南运、西气东输、西电东送，是中国能源流向的显著特征和能源运输的基本格局。

第四，能源资源开发难度较大。与世界相比，中国煤炭资源地质开采条件较差，大部分储量需要井工开采，极少量可供露天开采。石油天然气资源地质条件复杂，埋藏深，勘探开发技术要求较高，如现有石油资源品质变差，低渗、稠油、深水、深层资源的比重进一步增大，而天然气资源中低渗、深水、深层、含硫化氢的资源占有较大比重。未开发的水力资源多集中在西南部的高山深谷，远离负荷中心，开发难度和成本较大。非常规能源资源勘探程度低，经济性较差，缺乏竞争力。

第五，市场机制在资源配置中发挥出越来越大的作用。能源领域投资主体实现多元化，民间投资不断发展壮大。煤炭生产和流通基本实现市场化。电力工业实现政企分开、厂网分离，监管体系初步建立。能源价格改革不断深化，价格形成机制逐步完善，开展了煤炭工业可持续发展政策措施试点，制定了风电与光伏发电标杆上网电价制度，建立了可再生能源发展基金等制度。

加强了能源法制建设，近年来新修订出台了《节约能源法》《可再生能源法》《循环经济促进法》《石油天然气管道保护法》以及《民用建筑节能条例》《公共机构节能条例》等法律法规。

作为世界第一大能源生产国，中国主要依靠自身力量发展能源，能源自给率始终保持在 90% 左右。中国能源的发展，不仅保障了国内经济社会发展，也对维护世界能源安全作出了重大贡献。

今后一段时期，中国仍将处于工业化、城镇化加快发展阶段，能源需求会继续增长，能源供应保障任务更加艰巨。

第一，中国能源效率有待提高。中国产业结构不合理，经济发展方式有待改进。中国单位国内生产总值能耗不仅远高于发达国家，也高于一些新兴工业化国家。能源密集型产业技术落后，第二产业特别是高耗能工业能源消耗比重过高，钢铁、有色、化工、建材四大高耗能行业用能占到全社会用能的 40% 左右。能源效率相对较低，单位增加值能耗较高。

第二，环境压力不断增大。化石能源特别是煤炭的大规模开发利用，对生态环境造成严重影响。大量耕地被占用和破坏，水资源污染严重，二氧化碳、二氧化硫、氮氧化物和有害重金属排放量大，臭氧及细颗粒物（PM2.5）等污染加剧。未来相当长时期内，化石能源在中国能源结构中仍占主体地位，保护生态环境、应对气候变化的压力日益增大，迫切需要能源绿色转型。

第三，体制机制亟待改革。能源体制机制深层次矛盾不断积累，价格机制尚不完善，行业管理仍较薄弱，能源普遍服务水平亟待提高，体制机制约束已成为促进能源科学发展的严重障碍。

中国能源发展面临的这些问题，是由国际能源竞争格局、中国生产力水平以及所处发展阶段决定的，也与产业结构和能源结构不合理、能源开发利用方式粗放、相关体制机制改革滞后密切相关。中国将大力推动能源生产和利用方式变革，不断完善政策体系，努力实现能源与经济、社会、生态全面协调可持续发展。

二、中国的能源消费结构

从中国能源总量和能源的人均年消费量来看，资源相对短缺制约了能源产业发展，随着经济规模进一步扩大，全社会的能源需求还会持续较快地增加，这对能源供给形成很大压力，供求矛盾将长期存在。2020年我国人均用能达到3.5吨标煤左右，与发达国家的差距进一步缩小，约为美国的1/3、日本的2/3，差距在逐步缩小。从人均用电量看，2020年人均用电达到5000度，接近欧洲大多数国家水平。目前，法国7000度，日本8000度，美国13000度，我国基本达到欧美发达国家平均水平的70%—80%，这也符合我们正处在工业化后期的发展阶段。

第一，中国以煤炭为主体的一次能源消费结构。

煤炭是中国的基础资源，今后一个时期内，中国"富煤、少气、贫油"的能源结构较难改变，在中国2012年的能源消费结构中，煤炭占68%，石油占23.45%，天然气仅占3%，一次电力占5.55%。①《2016年国民经济和社会发展统计公报》显示，我国煤炭消费量下降了4.7%。这是继2014年首次下降2.9%、2015年继续下降3.7%之后连续第三年下降，目前在能源消费结构中占比在61%左右。"十三五"时期是我国能源消费结构转型的关键阶段，也是实质性阶段，控制能源消费总量是当前面临的重要工作，其中，煤炭总量控制是重点。

美国、欧洲为代表的大多数国家的能源结构是以油气为主，中国能源体系的结构与这些国家的明显不同之处在于以煤炭为主体，并由此派生出环保、生态、交通等诸多问题。

---

① 国家能源安全领导小组办公室编：《我国能源结构与资源利用效率分析》，中国电力新闻网，见 http://www.chinaenergy.gov.cn/news.php?id=2249&highlight=%C4%DC%D4%B4%BD%E1%B9%B9。

在中国以煤炭为主体的能源结构支撑中国的能源安全体系的前提下，中国能源安全体系的保障很大程度上依赖增加煤炭的供给总量，而当前中国可以大规模开采的煤炭资源主要集中于"三西"地区（山西、陕西、内蒙古自治区西部）。一方面，煤炭的需求量大涨导致该地区的煤炭开采一度无序化运行，同时加大了交通和电力设施的运行压力；另一方面，煤炭开采及相关产业的兴起（以煤化工产业为代表）对于该地区本来已经脆弱的生态环境造成严重的负面影响，特别是加剧了该地区的水资源危机。当然，中国目前正努力通过石油进口的增加维护能源的供给，但是随着石油进口份额的增加，在能源领域的"中国威胁论"应运而生，国外部分国家和国际组织把国际市场近年来油气价格的上涨归咎于中国在世界能源市场上的巨大需求。

从能源消费结构来看，中国是以煤炭为主体，中国在煤炭储存和生产方面基本可以满足自身需要，并且随着近年来中国矿产勘察中发现多个大型矿床，其中能源勘察成果尤为显著，新增煤炭资源储量超过 600 亿吨，所以当前的中国能源安全警戒级别处于一般水平。此外，国内煤层大多瓦斯含量较高，只采煤不采气、单打一的勘察开采，不仅造成煤层气这种宝贵资源严重浪费，而且还造成煤矿瓦斯事故频发。事实上，煤矿安全事故 80% 与煤矿瓦斯事故有关。综合勘察、开发利用煤炭煤层气资源有三方面的重要意义：既有利于改善煤矿安全生产条件，又可充分利用煤层气资源，也有利于保护生态环境，是一举三得的好事。

中国 73% 的能源用于工业消耗，研究能源与经济发展关系的重要参数之一是能源强度，即生产单位 GDP 所需的能源量，国际上多采用吨标准油（toc）/千美元为其计算单位。按 2011 年 IEA 发布的能源强度数据：世界值为 0.31，经合组织国家（OECD）为 0.18，美国为 0.19，日本为 0.10，中国和印度同为 0.77，巴西为 0.28。显然，中国的能源强度明显高于世界和 OECD 国家均值，亦高于不少发展中国家。我国 2010 年 GDP 占世界 9.3%（按汇率计算）而能源消费却占世界的 20.5%，成为世界第一能源消费大国。这些情况一方面源于我国的经济结构不够合理；另一方面说明我国在节能、提高能源效率上有很大潜力。随着中国的快速发展，特别是应对气候变暖及碳排放方面中国的压力逐步加大，中国对于低碳能源的需求不断上扬，因此中国能源安全警戒级别将会升高。[①]

在 2001—2010 年间中国原油进口量由 0.603 亿吨增加到 2.346 亿吨、年增率 16.3%，油品进口量由 2800 万吨增加到 5990 吨、年增率 8.82%。而同期世界原油和油品进口量年增率依次为 1.21% 和 5.32%。当前，中国成为全球第一大原油进口国、第二大石油消费国，2017 年全年，中国原油进口 41957 万吨，同比增长 10.1%；进口金额 11002.86 亿元，同比增长 42.7%。与消费量增加导致其占总量比例增加的一般情况不同，石油占能源消费总量份额却由 2000 年的 28.2% 下降到 2010 年的 18.1%。造成这一反常现象的原因仍在于煤炭消费量及其占能源的比例增长过快，也说明中国能源消费量增长主要由煤炭的高速增长来实现的。

第二，中国以电力为主的二次能源消费结构。

电力是二次能源，电力工业是国民经济的基础产业，是重要的能源生产和转换行业，也是能源行业结构调整、上大压小的重点领域，这一点与煤炭产业的整合异曲同工。

---

① 张抗：《我国能源消费现状影响能源安全》，《中国党政干部论坛》2012 年第 7 期，见 http://www.dzlt.com/201207RDJJ/2012/76/1276124714G074B52I5J4G4JC8341D.html。

　　中国电力产业结构的不合理主要表现在两个方面：一是电源结构不合理。从电源结构来看，主要是水电开发速度不快，核电和新能源发展缓慢，小火电所占的比例仍然过大。2007 年，中国发电装机总容量已达 7.13 亿千瓦，位居世界第二。火电装机 5.54 亿千瓦，占 77.70%；水电装机 1.48 亿千瓦，占 20.40%；核电装机 906.8 万千瓦，占 1.3%；风电及其他新能源 600 多万千瓦，仅占 0.8%。截至 2015 年年底，全国发电装机容量 150673 万千瓦，同比增长 10.4%；其中非化石能源发电容量 51642 万千瓦，占总装机容量比重 34.3%，比上年提高约 1.7 个百分点。非化石能源发电装机中水电 31937 万千瓦（其中抽水蓄能 2271 万千瓦），核电 2717 万千瓦，并网风电 12830 万千瓦，并网太阳能发电 4158 万千瓦。火电 99021 万千瓦（其中煤电 88419 万千瓦、气电 6637 万千瓦）。电源结构继续优化，绿色比例上升。

　　在美国电力生产中，煤电只占 50%，核电占 20%，天然气发电占 17%，水电和其他可再生能源发电占 10%。日本核电占 26%，水电占 10%，石油和天然气发电占 35%，煤电占 27%。法国核电约占 80%，煤电只占 5% 左右。从世界平均水平看，煤电约占 40%，核电占 15%，水电和可再生能源发电占 20%。火电装机比重过大造成对煤炭的需求越来越大，同时电力用煤需求不断增加直接导致电力行业对煤炭供应和铁路运输的依赖度越来越高，对节能减排造成巨大压力。二是电源布局不合理。主要是中国东、中、西部地区能源资源分布不均，东部沿海地区煤电装机过多、过密，造成的环保压力加大。因此，推进节能减排，发展中国电力产业，必须调整电源生产结构，优化电源布局结构，构建以优化发展煤电为重点，大力发展水电，积极发展核电，加快发展新能源，合理布局东、中、西部电源结构的电力产业发展模式。

"十三五"期间要积极发展清洁能源发电，消化煤电阶段性过剩产能。

2007 年，我国发电用原煤超过 12.82 亿吨，占煤炭消费总量近一半，其中 10 万千瓦以下小机组耗煤约 4 亿吨。我国二氧化硫排放形成的酸雨面积已占国土面积的 1/3，主要来源于燃煤电厂。但在中国发电装机中，77% 以上是能耗比较高、排放比较多的火电。2007 年年底，在火电中，单机 10 万千瓦以下的小机组仍有 1.04 亿千瓦，占火电装机容量的 18.6%。这些小火电生产效率低，污染浪费严重，技术装备差。与大型发电机组相比，小火电对资源的消耗明显过高。目前，60 万千瓦超临界机组平均供电煤耗只有 299 克标煤 / 千瓦时，而 5 万千瓦小机组则高达 450 克标煤 / 千瓦时。同样的发电量，小机组比大机组多耗煤50% 以上。[①]

2017 年 8 月，16 部委联合印发《关于推进供给侧结构性改革防范化解煤电产能过剩风险的意见》（下称《意见》）明确，"十三五"期间，全国停建和缓建煤电产能 1.5 亿千瓦，淘汰落后产能 0.2 亿千瓦以上，到 2020 年，全国煤电装机规模控制在 11 亿千瓦以内。

在中国乃至全球的电力构成中，水能资源是相对清洁同时又可再生的优质能源。水电将一次能源直接转化为二次能源（电力），利用水的势能，利用江河流量和落差获得电能，不消耗一立方水，也不污染一立方水，不排放任何废气，也不排放任何污水，完全是物理过程，是清洁的能源。以三峡开发工程为例，从生态角度说，三峡工程本身就是一项环保工程。如果将三峡水电站替代燃煤电厂，相当于 7 座 260 万千瓦的火电站，每年可减少燃煤 5000 万吨，少排放二氧化碳约 1 亿

---

① 《国家发展改革委副主任张晓强在"全国电力工业上大压小工作会议"上的讲话（2008 年1 月 29 日）》，见 http://nyj.ndrc.gov.cn/sdyx/t20080203_190032.htm。

吨、二氧化硫约 200 万吨、一氧化碳约 1 万吨、氮氧化合物约 37 万吨以及大量的工业废物，这对减轻我国和周边国家及地区的环境污染和酸雨等危害有巨大的作用。中国国内理论上水能资源是 7 亿千瓦左右，经过论证可开发的大概 4 亿千瓦左右，位居世界第一。但是开发得还不够，到 2005 年年底仅开发 1.1 亿千瓦，按发电量计算只占 4 亿技术经济可开发量的 20%；到 2006 年开发了 1.2 亿千瓦左右，在 4 亿可开发水能总量里面只占 30% 左右，在 7 亿里边占得更少，虽然在数量上位居世界第一，正在开发的规模与速度也史无前例，但是远未达到世界部分发达国家的开发水平，如美国在 1986 年时已开发 53.3%，日本在 1986 年时已开发 95%，法国在 1986 年时已开发 92.1%，挪威等北欧国家甚至达到了 100%，相比之下中国水能资源开发程度还很低。这些数据表明，发达国家都十分注重优先利用水能资源，也说明我国水电开发程度还比较低。目前，我国单站 5 万千瓦以上的大中型水电站是水电主力，经过五十多年的开发建设，已建成 226 座。其中百万千瓦级以上的巨型水电站 41 座，50 万千瓦以上的大型水电站 66 座。截至 2005 年年底，我国在建的 30 米以上坝高的水电站 173 座，水电在建规模达 9300 万千瓦。中国水电开发，无论从勘探、科研、设计、施工、规范标准、专业人才和经营管理方面，都有了成熟的经验。水能资源是流走性能源，如果水能资源得不到开发，就是一种浪费，因此要尽快充分利用水能，这是优化中国能源利用结构的重要举措。①

2016 年年初，中国水电的总装机已经突破 3 亿千瓦，约占全球水电总装机的 27%；装机容量全球排名前 10 的水电站中国有 5 座；单机

---

① 高云才：《水能，要尽快充分利用（专访）》，《人民日报》2007 年 6 月 5 日第 5 版。

容量 70 万千瓦以上的水轮发电机组，超过一半在中国；中国水电形成了包括规划、设计、施工、装备制造、输变电等在内的全产业链整合能力；中国先后与八十多个国家建立了水电规划、建设和投资的长期合作关系，成为推动世界水电发展的重要力量。当前形势下加快大型水电项目开发，不仅有利于区域经济发展，而且有利于国家经济稳定增长，加速能源结构调整步伐，实现节能减排目标。

正如诸多专家和学者指出的：科学、有序地加快开发西部水电在我国能源开发结构中占有举足轻重的地位。2018 年 3 月，进一步完善水电开发收益分享机制，国家发改委组织编制了《关于建立健全水电开发利益共享机制的意见》，正向社会公开征求意见。

第二节　中国能源工业与科技的成就

在能源领域，目前我国创新发展动力集聚增强，技术创新引领作用更加强化，重点领域和关键环节改革加快推进，新模式新业态不断涌现。

一、中国传统能源领域科技水平迅速提高

中国当前建成了比较完善的石油天然气勘探开发技术体系，其中复杂区块勘探开发、提高油气田采收率等技术在国际上处于领先地位，其中 3000 米深水钻井平台建造成功。千万吨炼油和百万吨乙烯装置实现自主设计和制造。非常规和难开采油气勘探开发应用总体上达到国际先进水平。基本形成适合我国陆相储层的有效致密气勘探开发技术，初步掌握浅层海相页岩气成套开发技术和致密油开发关键技术。

自 20 世纪 80 年代以来，中国国家科技攻关计划一直将油气资源勘探开发技术作为重要内容，通过多年的持续攻关，中国油气科技较快地缩小了与国外差距，接近或达到了国际先进水平。根据国民经济发展对油气资源的需求，中国启动了国家科技攻关项目——大中型气田勘探开发研究，该项目以为西气东输提供稳定气源为主线，在天然气地质理论和富集规律方等方面取得许多创新性成果，重点突破了天然气勘探开发的关键技术，基本建立了适合各盆地地质特点、具备自主知识产权的油气勘探评价体系和高水平的技术装备系列，为中国发现大中型气田提供了强有力的理论指导、技术支撑和装备支持。

中国 15 个大型气田全部是开展国家科技攻关以后，在相关理论技术支撑下发现的。苏里格大气田的发现，也正是科技攻关的一项丰硕成果。作为中国第一个世界级储量的大气田——苏里格大气田。它为西部大开发战略的龙头工程——西气东输的顺利实施和陕京第二管道的建设提供了重要的气源保证，具有重要的战略意义和经济价值。①

科技攻关成果的应用，对稳定中国石油产量，推动中国天然气工业及相关产业的发展，保证中国油气资源安全，促进国民经济持续、稳定发展，发挥了重要作用。科技攻关成果，也为中国海上油气田的发现、大庆等老油田的稳产提供了强大的科技支撑。石油开采领域在采用新技术后捷报频传。

事实上，国家科技攻关计划支持着油气勘探开发技术的研究，为中国油气资源战略安全提供了强有力的科技支撑，构筑起中国能源的

---

① 《科技撑起中国能源安全》，资料来源：人民网，见 http://www.china.com.cn/chinese/TEC-c/158596.htm。

安全体系。2017年4月27日，国家科技重大专项系列新闻发布活动——"大型油气田及煤层气开发"专项（简称"油气开发专项"）新闻发布会在北京召开。专项实施以来，我国天然气产业实现跨越式发展，天然气年产量跃居世界第六位，天然气在一次能源消费结构中占比由3%提升至6%。预计到"十三五"末，天然气在一次能源消费结构中占比提升至8.3%到10%。国家科技重大专项是实施创新驱动发展战略的重要抓手。作为唯一由企业牵头组织实施的国家科技重大专项，油气开发专项践行以企业为主体、产学研用相结合的科技攻关模式。专项实施以来，在油气勘探和工程技术等领域取得重大进展。一是形成6大技术系列、20项关键技术，研制13项重大装备，建设22项示范工程。二是确保我国石油产量稳中有升、天然气产量跨越式发展，原油产量从2007年的1.85亿吨增长至2016年的1.98亿吨，天然气产量从2007年的677亿立方米升至2016年的1371亿立方米。三是促进了国家创新体系建设，形成覆盖石油工业上游科技的百家企业与教育部50多所高校、中科院20多个科研院所联合攻关的高水平研发团队，提升了我国油气自主创新能力。专项的实施为我国能源结构优化、环境改善作出重大贡献。特别是在海相和深层天然气、非常规油气和海洋深水等勘探开发技术上取得实质性突破，发现和建成了一批大型气田，培育了我国页岩气、煤层气等非常规天然气资源开发等新兴产业，也为维护我国海洋权益和实施国家海洋战略作出重大贡献。"十三五"期间，油气开发专项将聚焦陆上深层、海洋深水、非常规油气等三大油气勘探开发领域，创新建立一批引领我国石油工业技术发展、在国际上具有较大影响力的重大理论、技术和装备，到2020年全面实现油气开发专项总体战略目标。

煤炭洁净化领域，具有世界先进水平和自主知识产权的煤炭直接液化和煤制烯烃技术取得突破。全国采煤机械化程度达到 60% 以上，井下 600 万吨综采成套装备全面推广。煤炭绿色开采和高效利用快速发展。年产千万吨级综采成套设备、年产 2000 万吨级大型露天矿成套设备实现国产化，智能工作面技术达到国际先进水平。2016 年 12 月 28 日，中共中央总书记、国家主席、中央军委主席习近平对神华宁煤煤制油示范项目建成投产作出重要指示，指出这一重大项目建成投产，对我国增强能源自主保障能力、推动煤炭清洁高效利用、促进民族地区发展具有重大意义，是对能源安全高效清洁低碳发展方式的有益探索，是实施创新驱动发展战略的重要成果。这充分说明，转变经济发展方式、调整经济结构，推进供给侧结构性改革、构建现代产业体系，必须大力推进科技创新，加快推动科技成果向现实生产力转化。神华宁煤煤制油示范项目建成投产庆祝仪式 28 日在宁夏宁东能源化工基地煤制油项目区举行，仪式上宣读了习近平重要指示。该项目建成投产后年产油品 405 万吨，是目前世界上单套投资规模最大、装置最大、拥有中国自主知识产权的煤炭间接液化示范项目。

当前，中国 70 万千瓦水轮机组设计制造技术达到世界先进水平，百万千瓦超超临界、大型空冷等大容量高参数机组得到广泛应用。在核电领域，中国基本具备百万千瓦级压水堆核电站自主设计、建造和运营能力，高温气冷堆、快堆技术研发取得重大突破。核能代表未来能源的方向，中国的"华龙一号"作为一种安全、环保的核电技术，不仅在国内落地开工，也已经走向了海外。这也表明由"借船出海"走向"造船出海"的中国核电技术，得到了世界上越来越多国家的认可。华龙一号核电技术具有中国自主知识产权，一共获得了 743 件专利和

104 项软件著作权，覆盖了设计技术、专利设计软件、燃料技术、运行维护技术等多个领域，而在国产化率方面达到了 85% 以上。

二、中国在新能源技术领域取得一系列突破

对于中国而言，加强可再生能源开发利用，是应对日益严重的能源和环境问题的必由之路，也是实现可持续发展的必由之路。

2017 年 5 月 18 日，国土资源部部长姜大明在南海神狐海域的"蓝鲸一号"钻井平台上宣布：中国首次海域天然气水合物（又称"可燃冰"）试采成功，中国成为全球首个实现在海域天然气水合物试开采中获得连续稳定产气的国家。中国科技工作者正式开启了通往资源储存量高达相当于千亿吨石油的"可燃冰时代"大门。这是中国能源开发的一次历史性突破，对推动能源生产和消费革命具有重要而深远的影响。南海海域是中国可燃冰最主要的分布区，全国可燃冰资源储存量相当于 1000 亿吨石油，其中有 800 亿吨在南海。中国地质调查局副局长、天然气水合物试采协调领导小组副组长李金发表示："本次试采实现了防砂技术、储层改造技术、钻完井技术、勘察技术、测试与模拟实验技术、环境监测技术六大技术体系 20 项关键技术自主创新。"除技术创新外，海域天然气水合物试采还实现了勘察开发理论、工程和装备的自主创新。"例如，建立了'两期三型'成矿理论，指导在南海准确圈定了找矿靶区；创建了天然气水合物成藏系统理论，指导试采实施方案的科学制定；创立了'三相控制'开采理论，指导精准确定试采降压区间和路径；以及实现了目标导向的顶层设计系统、'四轮驱动'的协调运行系统、'四性统一'的施工保障系统等三项重大工程管理系统自主创新等。"无疑，这是凝结"中国理论、中国技术、中国装备"

并改写世界能源格局的突出成就。随着"可燃冰时代"大门的开启，可以肯定的是，我国在世界能源领域的核心竞争力将日渐提升，话语权进一步加强。

生物质能源是清洁的可再生能源，中国也在积极推动生物质能源发展，相关的鼓励政策正在陆续出台。2006 年 1 月 1 日《可再生能源法》出台，此后一些全国人大代表提议出台切实可行且更具可操作性的具体细则。2006 年 11 月，财政部、国家发改委、农业部、国家税务总局、国家林业局五大部委出台《关于发展生物能源和生物化工财税扶持政策实施意见》（下称《意见》），明确表示发展生物能源与生物化工对于替代化石能源、促进农民增收、改善生态环境的重要意义。《意见》还提出，"十五"期间中国在部分地区试点推广燃料乙醇取得良好的社会效益与生态环境效益。随着国际石油价格的上涨，迫切需要加快实施石油替代战略，积极有序地发展生物能源与生物化工。下一阶段将重点推进生物燃料乙醇、生物柴油、生物化工新产品等生物石油替代品的发展，同时合理引导其他生物能源产品发展。由于中国生物能源与生物化工产业尚处于起步阶段，制定并实施有关财税扶持政策将为生物能源与生物化工产业的健康发展提供有力的保障。

2017 年 6 月 14 日，科技部印发《"十三五"农业农村科技创新专项规划》（以下简称《规划》），明确了"十三五"时期农业农村科技创新的目标与发展思路。加强生物质能源技术创新是《规划》的一大任务。《规划》显示，我国将鼓励创制高产、优质、抗逆非粮生物质原料新品种，建立规模化高效生产技术体系。同时，研发农林生物质资源技术装备，开发生物天然气、燃料乙醇、燃料丁醇、生物柴油等重大产品，开展产业化示范。

中国可再生能源发电技术已显著缩小与国际先进水平的差距。光伏、风电等产业化技术和关键设备与世界发展同步。风电领域，中国3兆瓦风电机组批量应用，6兆瓦风电机组成功下线，截至2017年6月，中国的风电累计装机容量达149吉瓦（1GW=1吉瓦万千瓦）。中国形成了比较完备的太阳能光伏发电制造产业链，光伏电池年产量占全球产量的40%以上。光伏发电累计装机容量达77吉瓦，规模均居世界第一；半导体照明产业规模超4200亿元，成为全球最大的产品研发生产基地和应用市场，实现年节电约1000亿度。中国在清洁能源方面已是全球领导者，不仅有全球最大的清洁能源市场，也是最大的清洁能源生产地。到2016年年底，中国新能源汽车的产量突破50万辆，保有量超过100万辆，在全球的占比都达到了50%。

中国特高压交直流输电技术和装备制造水平处于世界领先地位，电网的总体装备和运维水平处于国际前列，已经掌握1000千伏特高压交流和±800千伏特高压直流输电关键技术。建成多个柔性直流输电工程，智能变电站全面推广，电动汽车、分布式电源的灵活接入取得重要进展，电力电子器件、储能技术、超导输电获得长足进步。能源输送环节，中国的特高压输电技术也是领先世界的重大自主创新。特高压电网是指1000千伏交流或800千伏的直流电网，中国在20年前就已经在武汉建成第一条百万伏级研究线段，2010年的时候，全长640公里的世界首条1000千伏特高压交流试验工程投入商业运营。国家电网公司原董事长、党组书记刘振亚在2014年巴黎商业与气候峰会上曾表示，构建全球能源互联网，必须用特高压，特高压是中国独有的技术，代表了全人类的发展，中国愿意和全世界分享这一先进技术。

第三节　中国能源安全面临的现实挑战

新形势下，中国能源安全面临诸多现实挑战，为此要在战略的高度上予以统筹协调。

一、"中国能源安全"概念的界定

进入 21 世纪，当代国际社会的基本特征是经济全球化和政治多极化，而"能源"的含义在不同的语境下日益呈现高度复杂化的趋势。在经济领域，能源直接关系到全球经济的衰落与繁荣；在生态领域，能源问题直接关系到全球气候变暖等生态问题；在地质科学领域，能源需求的强劲扩张强烈呼吁地质理论和勘探技术的进一步跨越；在国际政治领域，能源问题直接关系到国际地缘战略板块的变迁和重组；在社会学领域，节能已经成为现代社会时尚生活的主流趋势。因此，能源安全问题与全球的粮食安全、气候安全、主权国家的军事安全及海洋权益乃至人类生活方式的改变都紧紧联系在一起。

"安全"一词的本义为"没有危险；不受威胁；不出事故"。[①] 就"能源安全"而言，主要含义在于一个地区或者国家的能源供给和运行体系不存在危险或者没有受到潜在的威胁。有关"中国能源安全"这一概念的界定方面有许多说法，一些学者认为能源安全更重要的意义在于对外，也就是中国要拥有在国际市场上主体能源定价权和相应的发言权，如美国前能源部长博德曼指出"能源安全的定义是能够获得这

---

① 《现代汉语词典》，商务印书馆 1983 年版，第 6 页。

些资源，并不一定要去拥有它"。但笔者认为这只是其意义的一个方面，对中国能源安全应进行更全面的双向考量，因此它不仅仅包括"对外"获取能源，还包括"对内"开发和使用能源，基本可以概括为能源供应安全和能源使用安全的有机统一。中国能源供应安全是在中国能源总量恒定的情况下既要对外"开源"，又要对内"节流"；而能源使用安全则是在中国现有的能源结构下，有效利用能源，实现人口与环境、经济与社会的协调、可持续发展。

在能源供应安全层面，"开源"一直为政府和社会所重视，20世纪90年代以来，随着中国对石油及其制品的大量进口，中国能源安全开始从国内空间层次迅速跨入到国际空间层次，国外能源供给的稳定性成为国家安全一个日趋敏感的问题，中国的对外能源战略也由此逐步走向成熟。"节流"目前看是一个全社会的系统工程，从国内外的实践看，通过优化一次能源消费结构和提高能源消费质量可以在一定程度上抑制或减缓一次能源整体消费水平的增长，尤其是全社会要强化节能意识，实现能源消费革命。

在能源使用安全层面，以煤炭为主的能源消费结构对于中国的生态安全构成威胁。从中国的能源资源禀赋看，品种齐全，总量可观，但资源结构不理想，且空间分布不均，由此形成了以煤炭为主的能源生产和消费特征，这给中国社会经济发展和生态环境保护带来很大压力。当前，国际上发达国家通行的能源结构是以油气为主，但是在石油价格飞速上涨的今天，中国马上由煤炭为主型转向油气为主型既不符合中国的国情，又不利于顺应当今世界低碳能源推广利用的发展趋势。此外，当前在能源消费方面对于中国能源安全构成威胁的内在因素还包括不合理的能源价格管理机制，因为一方面能源价格完全交由市场决定有可能给国民经济特别是作为立国之本的农业等弱势产业带来不利影响；另一方面如果政府维持相对价格稳定态势又会有国际炒家进行炒作，不利于中国能源市场与全球能源市场的逐步接轨。因此，要准确把握能源价格改革的恰当时机，在适度放开能源价格的同时，国家需要加大对农业、公交运输业等受损行业的补贴，保护经济和社会的平稳发展。

近年来，中国能源安全体系与中国的其他国家安全体系之间交叉性十分突出，中国能源安全与中国的政治安全、经济安全、国防安全都有很强的关联度，同时中国能源安全的维系特别需要交通运输、环境保护、城乡建设、对外经贸等体系的多方位支撑。

中国能源安全体系的政治色彩日益明显，并且成为中国外交的重要内容之一；中国能源安全体系对于经济体系的助推作用日益突出，直接关系到中国改革开放成果的巩固；中国的能源安全问题日益成为一个社会问题，维系着社会和谐，尤其是人民的利益分配以及国家的可持续发展。

中国的能源安全体系支撑着经济、政治等安全体系的维系，但是目前看对于其他体系的完善形成了"瓶颈效应"。改革开放40年来，中国经济快速增长，各项建设取得巨大成就，但也付出了巨大的资源和环境代价，经济发展与资源环境的矛盾日趋尖锐，经济多次遭遇以煤、电、油全面紧张为标志的能源"瓶颈"的阻击，缺煤、缺电、缺油几乎同时出现。事实上，中国在构建和谐社会时面临诸多的矛盾和问题，居于首位的是人口资源环境压力加大，而人口资源环境问题中最为核心和紧迫的是中国能源安全形势的日益紧张。这种状况与经济结构不合理、增长方式粗放直接相关。只有坚持节约发展、清洁发展、安全发展，才能实现经济又好又快的良性发展。

二、中国能源供需领域面临的问题与挑战严峻

近年来中国能源对外依存度上升较快，特别是石油对外依存度从 21 世纪初的 32% 上升至 2012 年的 57%。2000 年以来，中国整体的能源对外依存度在持续上升，在 2005—2015 年这 10 年间，能源的对外依存度从 6.0% 上升到了 16.3%，且自 2012 年起，就始终维持在 15% 以上的水平。中国人均能源资源拥有量在世界上处于较低水平，煤炭、石油和天然气的人均占有量仅为世界平均水平的 67%、5.4% 和 7.5%。虽然近年来中国能源消费增长较快，但目前人均能源消费水平还比较低，仅为发达国家平均水平的三分之一。随着经济社会发展和人民生活水平的提高，未来能源消费还将大幅增长，资源约束不断加剧。根据中国能源研究会发布的《中国能源展望 2030》报告，预计 2030 年，我国能源消费约为 53 亿吨标准煤，一次能源生产总量约为 43 亿吨标准煤，能源对外依存度接近 20%。

具体来说，原油的依存度最为严重。根据中国海关及国家统计局数据统计，我国原油表观消费量从 2008 年的 3.65 亿吨增长至 2016 年的 5.78 亿吨，国内原油对外依存度从 2008 年的 49.0% 增长至 2016 年的 65.9%。在过去 10 年里，天然气的对外依存度增加最为明显，2015 年为 31.89%，而 10 年前该数据仅为 -6.4%。煤炭的依存度也从 2005 年的 -1.9% 上升到了 4.9%，但和 2013 年 7.5% 的峰值相比，已经略有下降。人类进入工业化时代后，随着科技的发展，内燃机逐渐取代蒸汽机，由于石油是一种易运输、储藏和燃烧率比较高的能源，所以很快便在世界范围内使用开来。从 20 世纪 20 年代，石油需求和贸易迅速

扩大。到 20 世纪 30 年代末，美、苏成为主要的石油出口国，石油国际贸易开始在全球能源贸易中占据显要位置，推动了能源国际贸易的迅速增长，并动摇了煤炭在国际能源市场中的主体地位。

20 世纪 50 年代以后，由于石油危机的爆发对世界经济造成巨大影响，国际舆论开始关注起世界"能源危机"问题。许多人甚至预言：世界石油资源将要枯竭，能源危机将是不可避免的。2030 年之前，石油年探明地质储量继续保持较高的水平，可累计探明 202 亿吨，年均 10.2 亿吨。

近年来中国对能源进口的依赖性日益突出，以石油进口为例，中国作为主要的能源消费和净进口国，由于每年都有大量的能源进口，尤其是原油和提炼油进口量较大。1993 年中国已经成为一个石油净进口国，石油净进口量达到 988 万吨，2000 年 6974 万吨，2002 年 7183 万吨，从 1993 年到 2002 年 9 年间，中国石油净进口量年均增长率达到 24.66%，年均增加量 688 万吨。[1]2006 年全年，中国原油进口同比增长 14.4%，达 14518 万吨。而 2008 年中国石油产品进口大幅增长，全年进口原油 17888 万吨，增长 9.6%，对外依存度达到 49.8%，比 2007 年提高 1.4 个百分点，已经接近国际上通行的石油对外依存度 50% 的警戒线。[2]2016 年我国原油产量为 19969.0 万吨，原油进口数量为 38100.4 万吨，出口数量为 294.1 万吨，我国原油表观消费量为 57775.3 万吨。《2011 年国内外油气行业发展报告》预计，2020 年中国石油对外依存度将达到 67%，2030 年可能升至 70%。与中国石油对外依存度逐年上升相反，美国石油对外依存度却在逐年下降。

---

① 倪健民主编：《国家能源安全战略报告》，人民出版社 2005 年版，第 57—58 页。
② 根据历年国家海关快报和行业统计及国家发改委和能源局网站发布的数据核算。

国内石油消费的几何增长与供给代数增长存在着结构性矛盾。我国要达到发达国家的水平，即使按照日本这种最节能、能效最高国家的标准（人均消费石油 17 桶），再乘以我国现有的人口数，高达 36 亿吨。而现在国际上每年的石油贸易量才 20 亿吨，2009 年全球石油总产量才 35 亿吨。

2010 年全球一次能源消费总量是 120 亿吨标准煤，同比增长了 5.6%，是 1973 年以来增长最快的一年，其中中国增长了 11.9%，远远高于世界平均水平，超过美国成为世界最大的能源消费国。国际经验表明，当一国的石油进口量超过 5000 万吨以后，国际市场行情的变化就会影响这个国家的经济运行，目前中国的石油进口已经达到 2.5 亿吨。今后，中国石油天然气对外依存度将进一步提高，这要求中国统筹国内开发和对外合作，提高能源安全保障程度。

从 2009 年起，中国从一个煤炭的出口国转变为煤炭的净进口国。据印度商务部发布的统计数据，2015—2016 年印度煤炭进口 2.058 亿吨，同比上年增长 2.75%，全年进口总量已超过中国同期煤炭进口数量，成为全球第一大煤炭进口国。2011 年进口了 1.8 亿吨的煤，成为了世界上最大煤炭进口国。

2008 年，荷兰皇家壳牌集团在北京发布《壳牌能源远景 2050》报告称，中国 2025 年的一次能源需求将在全球占 25% 以上，到 2050 年中国的一次能源需求将增长到目前的四倍，那时化石能源仍将占中国一次能源需求的 70% 左右，煤炭也仍将是中国首选的能源。但中国仍可在能源生产与消费方面找到途径，降低对煤炭的依赖性，减少二氧化碳排放。所以，国际能源市场变化对中国能源供应的影响较大，中国能源对外依赖程度在提高。同时中国也是世界上最大的水电生产国。

全球的风电发电量增长 22.7%，其中 70% 来自于中国和美国。

目前全球能源供需平衡关系脆弱，石油市场波动频繁，各种非经济因素也影响着能源国际合作。国际油价高位振荡，全球能源市场的话语权掌握在几个发达国家以及其所掌控的主要国际组织手中。总的来说，中国参与全球层面能源合作的程度弱于参与区域层面能源合作的程度。在全球层面的能源合作中，中国基本被排斥于主要能源组织之外。中国拥有广阔的市场，但从全球层面的能源组织角度来看，中国还是个小伙伴，属于轻量级角色，缺乏足够的发言权。虽然中国开展区域层面的能源合作较为活跃，但由于缺乏国际组织的合作框架，合作程度还有待进一步加深。

与全球主要经济体经济疲软相反，2008 年以来国际石油价格却反向飞涨，这主要归因于国际金融界主要是包括各类基金的炒作，这对于中国以制造业为支柱的实体经济造成了难以低估的负面影响，削弱了中国的实体竞争力。2008 年 7 月 7 日，英国《每日电讯报》刊登了安布罗斯·埃文斯—普里查德题为《油价冲击意味着中国存在破产风险》的文章，文中指出：2008 年的石油冲击对我们来说真是糟糕透顶。它对新兴亚洲的整个经济战略构成了致命威胁。中国及其邻国的制造业革命建立在过去 10 年廉价的交通基础之上。乍看去，这一贸易模式有点古老。亚洲内部的贸易模式是一种李嘉图式的网络，商品被运来运去以赚取比较利润。利润率极低。产品被运往中国进行最后的组装，然后再次被运回西方市场。其中的问题显而易见。自油价上涨以来，一个 40 英尺的集装箱从上海运到鹿特丹的价格已经上涨 3 倍。

2015 年，国际油价在近七年低位附近冲高回落，可谓演绎了"低谷过山车"行情。上半年，油价在美元冲高回落、沙特空袭也门等地缘冲突的刺激下，WTI 原油价格一度站上了 62 美元 / 桶，然而，下半年风云突变，原油库存节节攀升，供应过剩不断恶化，产油国却为争夺份额纷纷表示没有减产计划，美联储加息"千呼万唤始出来"，重重压力之下，国际油价一落千丈，WTI 原油价格年末跌至 36.70 美元 / 桶附近。2016 年，国际油价探底后有所回升，但全年平均价仍比上年偏低，布伦特和 WTI 原油期货年均价分别为 45.13 美元 / 桶和 43.47 美元 / 桶，比上年分别降 8.47 美元 / 桶和 5.29 美元 / 桶。世界石油市场供应富余 60 万桶 / 日，宽松程度较 2015 年的富余 170 万桶 / 日明显收窄。世界石油市场持续供应过剩，仍是制约油价反弹的主要因素。

此外，国际金融危机对中国石油安全带来的其他影响还有：加剧中国石油对外依存度过高带来的风险，增加经济发展成本，对能源安全构成较大压力；中国石油战略储备面临的挑战与机遇；金融危机对中国石化行业出口增速下降，国内需求量降低；金融危机为中国加强海外石油资源收购带来良机。

在国际金融危机形势下，中国建立石油安全战略体制的具体措施，主要包括建立现代石油市场多层次交易体系；争取国际话语权，发挥消费大国应有的定价机制；建立和完善中国石油安全保障体系。

三、中国在能源——气候领域压力巨大

环境效应是指自然过程或人类活动过程所引起的环境系统结构和功能的相应变化，有正效应，也有负效应。与中国能源利用相关的环境正效应特征包括：清洁能源有效利用对自然界的保护、局部区域（如水库区）的气候改善、农村人居环境的改善（如沼气）、薪柴被其他能

源替代后森林资源的保护等。与中国能源利用相关的环境负效应特征
则更多一些，包括全球气候变暖、臭氧层破坏和损耗、生物多样性减
少、大量耕地被占用和破坏、森林植被破坏、水资源污染严重和海洋
环境破坏、酸雨污染等。其中大气污染以及相应的气候变化成为中国
能源排放的首要环境效应特征，二氧化碳、二氧化硫、氮氧化物和有
害重金属排放量大，臭氧及细颗粒物（PM2.5）等污染加剧。

从人类工业史的维度分析，中国温室气体历史排放量很低，且人
均排放一直低于世界平均水平。根据世界资源研究所的研究结果，1950
年中国化石燃料燃烧二氧化碳排放量为 7900 万吨，仅占当时世界总排
放量的 1.31%；1950—2002 年间中国化石燃料燃烧二氧化碳累计排放
量占世界同期的 9.33%，人均累计二氧化碳排放量 61.7 吨，居世界第
92 位。

在经济社会稳步发展的同时，中国单位国内生产总值（GDP）的二
氧化碳排放强度总体呈下降趋势。根据国际能源机构的统计数据，1990
年中国单位 GDP 化石燃料燃烧二氧化碳排放强度为 5.47 千克二氧化碳 /
美元（2000 年价），2004 年下降为 2.76 千克二氧化碳 / 美元，下降了
49.5%，而同期世界平均水平只下降了 12.6%，经济合作与发展组织国
家下降了 16.1%。由于中国煤炭清洁利用水平低，煤炭燃烧产生的污染
多，因此煤炭污染成为中国环境污染的重要因素。

在国际上，中国面临温室气体减排的压力越来越大，中国是世界
上第二能源消费大国，同时也是最大的温室气体排放大国。2007 年 4
月 25 日，法《世界报》报道说，国际能源署负责人认为，考虑到中国
经济迅速增长，中国将很快超过美国，成为全球最大二氧化碳排放国，
同时国际能源署预计从现在起到 2010 年这段时间内，中国废气排放量

将超过美国。[①] 当然，"中国环境威胁论"既不客观也不公正。中国二氧化碳人均排放水平比较低，从 1950 年到 2002 年，五十多年间中国化石燃料燃烧排放的二氧化碳只占世界同期累计排放量的 9.33%；1950年以前，中国排放的份额就更少了。据国际能源机构 2006 年发布的统计数据，2004 年中国人均二氧化碳排放量为 3.65 吨，仅为世界平均水平的 87%，为经济合作与发展组织（OECD）国家的 33%。1950 年到2002 年的五十多年间，中国人均二氧化碳排放量居世界第 92 位。[②] 2007年 6 月，中国出台了《中国国家应对气候变化方案》，这是中国为应对全球气候变暖而制定的第一份全面的政策性文件，也是发展中国家颁布的第一部应对气候变化的国家方案，表明中国在国际社会上作为一个负责任的大国正在积极承担相应的国际义务。

2009 年 12 月 18 日，温家宝在哥本哈根出席联合国气候变化大会领导人会议时指出，中国近年来是节能减排力度最大、新能源和可再生能源增长速度最快和世界人工造林面积最大的国家，而中国正处于工业化、城镇化快速发展的关键阶段，能源结构以煤为主，降低排放存在特殊困难，但是中国始终把应对气候变化作为重要战略任务，提出 1990 年至 2005 年，单位国内生产总值二氧化碳排放强度下降 46%，并在此基础上，到 2020 年单位国内生产总值二氧化碳排放比 2005 年下降 40%—45%。中国政府确定减缓温室气体排放的目标是中国根据国情采取的自主行动，是对中国人民和全人类负责的，不附加任何条件，不与任何国家的减排目标挂钩。

---

①　[法]《世界报》：《国际能源署称中国将成为全球最大二氧化碳排放国》，国家电力信息网，见 http://www.cetic.com.cn/html/20070428/562624.html。

②　《国家发改委主任马凯在国务院新闻办新闻发布会上表示气候变化是全球共同面临的挑战（在国务院新闻办新闻发布会上）》，《人民日报》2007 年 6 月 5 日第 2 版。

根据国际能源机构的统计，2004 年中国化石燃料燃烧人均二氧化碳排放量为 3.65 吨，相当于世界平均水平的 87%、经济合作与发展组织国家的 33%。"全球碳计划"是一个拥有 13 年历史的气候变化研究人员合作组织，其科学家来自世界不同研究机构，每年对各国碳排放量发布客观数据。2014 年 9 月，根据其发布的最新数据，2013 年人类碳排放量达 360 亿吨。其中排名前五位的国家分别为中国 29%，美国 15%，欧盟 10%，印度 7.1%，俄罗斯 5.3%。单从这一年看，中国的碳排放总量超越了美欧总和，其中一个新的现象是中国的人均碳排放量首次超越了欧盟。世界人均二氧化碳排放量为 5 吨，中国现在已达到 7.2 吨，超过了欧盟的 6.8 吨。虽然，与人均碳排放量高达 16.5 吨的美国相比，中国还相去甚远。挪威国际气候和环境研究中心的安德鲁·罗比表示，中国的人均碳排放"还是没法跟美国或澳大利亚比，但其超过欧盟的事实可能会令很多人感到惊讶"。

四、中国在能源外部补给与运输通道安全存在一定的风险

中国石油海上运输安全风险加大，跨境油气管道安全运行问题不容忽视。国际能源市场价格波动增加了保障国内能源供应难度。能源储备规模较小，应急能力相对较弱，能源安全形势严峻。

美国是全球能源市场特别是国际石油市场的主要操控力量，目前中国虽然是世界上最大石油买家之一，却无力与美国在全球能源秩序的重构中争锋，只能避其锋芒，有效维护自身能源安全。

中美之间在石油问题上的博弈是一种遏制与反遏制的博弈，主要体现在中东、中亚、里海等资源国的石油输出及海湾、南亚等地区的石油运输通道上。近年来，美国视伊朗为中东实现安全与和平的障碍，

全力制裁伊朗，其中重点在于切断伊朗的石油出口，对此中国一直表示反对，因为中国是伊朗最大的石油消费国之一，其石油进口总额的11%和石油总供给的5%来自于伊朗，并在伊朗石油产业中拥有广泛的商业利益。根据中国海关数据，2011年中国总计买入2776万吨伊朗石油，合每日55.5万桶，其中中石化日均购入50万桶，是伊朗石油的中国最大买家。美国前总统奥巴马2011年3月30日签署制裁法案，美国政府可在当年6月28日后对仍然与伊朗从事有关石油交易的外国金融系统实施制裁。2011年6月12日，中石化方面表示，该公司在2011年余下时间里没有增加伊朗原油进口的计划，以免与美国对伊朗石油贸易的严厉制裁相冲撞，特别是中石化已经拒绝了伊朗方面的较低报价。此外，中石化对伊朗原油设定的2012年进口目标为每日40万—42万桶，与2011年同比下降16%—20%。2012年美财政部长盖特纳于1月10日、11日访华期间，逼迫中国制裁伊朗未果，随后美国即宣布对中国贸易公司珠海振戎实施经济制裁，虽然只具象征意义，但是反映了中美两国的分歧。从大国战略考虑，美国不会放松与中国在南海等重要能源安全通道的博弈力度，中国能源运输通道安全面临挑战。中国50%以上的石油进口需要经过霍尔木兹海峡与马六甲海峡，未来相当长的时间内，经过这两个海峡的石油和LNG运输量还将进一步增加。为实现"美国优先"战略，逼迫对手出让更多经济利益，美国总统特朗普政府会在该地区投入更多的力量，增强对能源运输通道的控制，势必会加大中国能源运输成本，威胁能源运输通道安全。

中共中央党校国际问题专家马小军教授指出中美两国在国际石油市场上的商业活动表现出极大不对称性，中国无意挑战美国对全球能源的战略控制，也无意破坏现行国际能源秩序，只希望在国际市场上通过正常商业活动，稳定石油供给，保障能源安全，为自身发展和世界经济发展作出贡献。但美国对中国的崛起十分担忧，频频掀起"中国威胁论"，意图打压中国。这自然会使中美两国在能源领域存在的潜在矛盾、摩擦日益增大，乃至有酿成冲突与危机的可能性。当然，中美之间几乎所有潜在的能源冲突因素，都可以通过对话、协商和外交途径得到解决。此乃中美实现能源合作最坚实的战略基础。①

中俄之间目前正在全力构建战略协作伙伴关系，其中能源问题是两国战略与经济合作的重中之重。从 2011 年 1 月 1 日起，中俄双方正式履行每年 1500 万吨原油进口协议，共持续 20 年，中俄原油管道也正式投入商业运营，标志着我国东北方向的原油进口战略要道正式贯通。随着中俄石油管道顺利运营两周年，输送原油达 3000 万吨，俄罗斯逐渐成为中国安全、稳定的石油来源国。实际上，中俄能源合作并非想象的那样一帆风顺。中俄原油管道项目 1994 年提出，其间因日本介入经历"安大线"与"安纳线"之争，到 2009 年两国正式签署建设及石油供应协议，历经 15 年。

2013 年 6 月 24 日，中国石油天然气集团公司公布了俄罗斯向中国增供原油长期贸易合同的细节。根据这一我国对外原油贸易最大的单笔合同，未来中石油进口俄罗斯原油量将达到每年 4610 万吨，接近去年我国石油消费总量的十分之一。根据合同，俄罗斯将在目前中俄原油管道（东线）1500 万吨 / 年输油量的基础上逐年向中国增供原油，到 2018 年达到 3000 万吨 / 年，增供合同期 25 年，可延长 5 年；通过中哈原油管道（西线）于 2014 年 1 月 1 日开始增供原油 700 万吨 / 年，

---

① 马小军、惠春琳：《美国全球能源战略控制态势评估》，《现代国际关系》2006 年第 1 期。

合同期 5 年，可延长 5 年。中石油同时与俄第二大天然气生产商诺瓦泰克公司签署收购亚马尔液化天然气（LNG）项目 20% 股份的框架协议。

　　首先，俄罗斯油气资源丰富，是目前世界上第一大能源出口国，中国是世界上第二大石油消费国，也是世界上第一大石油进口国，石油需求旺盛，这是中俄双方能源合作的基础性条件。其次，中俄互为最大的邻国，政治上安全，加上中国能源市场大，因此也是最稳定的市场。而普京上台后，俄罗斯外交、经贸合作开始向东看，其中的能源出口战略东移也会对中俄能源合作产生积极的影响。

　　而对中国而言，中东目前是最大的原油来源地，将来也将会是保障国家原油供应安全的关键。作为世界主要的产油区域，海湾地区的国际形势牵动中国的能源安全，而美国、伊朗、叙利亚关系近年来日益紧张，对于中国的外部能源供给造成了诸多不利影响。2008 年 9 月 23 日，以色列海法大学教授伊扎克·希霍尔在美国詹姆斯顿基金会（智库）主办的《中国简报》发表文章《封锁霍尔木兹海峡——中国的能源困境》，"霍尔木兹对中国来说绝不陌生。中国元朝时的文献提到过它，15 世纪郑和的舰队曾远航到此。今天，中国是霍尔木兹海峡的使用者之一。北京依赖波斯湾原油进口，并与地区各方维持友好关系。尽管中国官方没有对德黑兰的威胁作出反应，但显然在未雨绸缪。中国的石油进口年年月月都不同，但总体趋势是清楚的：波斯湾是中国原油的主要来源地，中国日后可能会更加依赖该地区满足能源需求。据预测，今后二三十年许多石油产地储量将减少，而波斯湾不存在这个问题。不过，尽管中国的国际经济关系迅速扩大，但波斯湾在中国对外贸易中所占比重相当少，不到进口总额的 4%，其中大部分是原油。相比之下，反而是日本、韩国、印度等其他亚洲国家更加依赖通过霍尔木兹海峡进口波斯湾石油。""总而言之，对北京来说，关闭霍尔木兹海峡不符合其利益，并且是它要竭力避免的，甚至不惜通过政治和外交途径满足德黑兰的要求以求稳定。不过，如果冲突无法避免，它对中国的冲击将相对有限。在这种情况下，冲突尽可能短暂、尽可能快地结束符合北京的利益。冲突短暂、不深化意味着破坏小，而中国对波斯湾的依赖也会小。更漫长持久的冲突则意味着更大的破坏和动荡，而中国将会愈加依赖波斯湾石油——并且要仰仗美国的保护。"① 马六甲海峡的困境对于中国而言更加具有紧迫性。

2018 年 3 月 8 日，美国总统特朗普宣布美国将退出伊核全面协议，重启对伊制裁，美国表示将继续与盟友合作，打击伊朗破坏该地区稳定的行为、阻止其资助恐怖活动等。伊朗目前是欧佩克第二大石油出口国。据美国能源信息署的数据，伊朗石油出口前五大目的国中，有四个是亚洲国家，分别为中国、印度、日本和韩国。近年来，随着美国等西方国家减少对中东的石油依赖，亚洲国家成了伊朗石油最大的买家。新的形势让石油储备不足的中国产生警惕。知名中东问题专家、中国前驻伊朗大使华黎明接受中通社记者采访指出，中国与伊朗在能源领域有着广泛的贸易往来，一方面伊朗是中国石油进口的一大来源地，另一方面伊朗也是中国能源企业在海外投资的集中地。伊朗局势恶化，必然会波及中国国家能源安全。

非洲是继中东之后中国最大的原油进口地，目前占 2012 年总进口量的四分之一左右。相较全球其他主要的石油基地，西非地区的油气资源拥有无可比拟的优越性，中国营建"安哥拉模式"，是中国有效规

---

① ［美］伊扎克·希霍尔著，汪析译：《封锁霍尔木兹海峡——中国的能源困境》，詹姆斯顿基金会（智库）主办：《中国简报》，见 http://news.xinhuanet.com/mil/2008-09/25/content_10108378.htm。

避地区冲突的风险，积极布局新兴石油产地的一个成功范例。2002年，西非国家安哥拉结束长达27年的内战，西方援助国纷纷撤出安哥拉，而中国则积极参与到其战后重建中。中国企业参与安哥拉机场、港口等基础设施建设，以及提供房地产建设援助等。随后几年，西非探明石油储量惊人的增长，中国占得先机。中国油企业标得安哥拉数个油区开采权；中方提供20亿美元商业贷款修建炼油厂，以改变非洲出口低价原油却进口高价成品油的被动局面。截至2008年数据，安哥拉已探明石油储量120亿桶，日产200万桶。安哥拉绝大部分的原油出口到中国，在2008年曾一度超越沙特，成为中国最大的石油进口国。2012年，中国从安哥拉进口原油同比上升达34%，是第二大进口国。

　　非洲原油供应最大的风险是政局动荡与地区冲突。苏丹曾是中国石油进口第七大来源地。据中国海关的统计数据显示，2011年中国从苏丹进口的石油约为26万桶/日，占该国日产油量的75%。但经历多年内战后，南苏丹于2011年7月脱离苏丹独立，其后掌握原苏丹3/4的石油资源的南苏丹政府因争夺石油资源及原油运输过境费用等问题，而于2012年1月单方面宣布停产。中国曾致力于在苏丹复制另一个"安哥拉模式"，因为中国目前拥有苏丹石油业务约40%的权益。而苏丹原油供应的中断，使中国成了最大的受害国。

　　因此，中国必须实现海外能源供给的多元化，巩固原有的中亚、西伯利亚、非洲、中东等供给地外，特别注意另辟新的海外能源供给地，如拉美、澳大利亚等。此外，中国必须加大自身在能源技术领域里的研发力度，同时加强在国际能源技术领域内的多边合作。

第三章　小康社会与中国能源安全

党的十九大报告指出："从现在到二〇二〇年，是全面建成小康社会决胜期"[①]，习近平总书记明确指出：要加快推进能源生产和消费革命，为实现"两个一百年"奋斗目标、实现中华民族伟大复兴的中国梦作出新的更大的贡献。

第一节　能源安全是全面建设小康社会的基本诉求

习近平总书记强调，全面建成小康社会，在保持经济增长的同时，更重要的是落实以人民为中心的发展思想，想群众之所想、急群众之所急、解群众之所困。习近平总书记的重要指示，为做好能源领域的民生服务保障工作指明了新方向、提出了新要求，是指导我们夺取能源领域奔小康新胜利的基本遵循。

一、能源安全保障必须以人民为中心

2004 年 8 月，时任浙江省委书记的习近平曾接受延安电视台《我

[①] 《党的十九大报告辅导读本》，人民出版社 2017 年版，第 27 页。

是延安人》节目专访，畅谈自己的生活、工作和家庭等，回忆在延安的插队岁月。

1973 年，20 岁的习近平挑起了梁家河大队支部书记的重担，他扑下身子带领社员不分昼夜打坝淤地、大办沼气，使梁家河成为了陕西省第一个实现沼气化的村子。虽然陕北产煤产油，但是老百姓买不起，还用煤油灯，有的老百姓甚至连煤油灯的煤油都买不起。四川人民用上沼气以后，农村解决了烧柴问题、做饭问题、点灯问题，甚至解决了用沼气发电问题。在节目中，习近平回忆了建沼气池的诸多细节："我做了大队支部书记以后，一直想找一点推动经济发展的切入点。有一天我翻到《人民日报》，当时头版有一条消息就是四川省很多地方实行了沼气化，我很兴奋，我觉得沼气这个东西是个好东西。我第一次看到这个东西，所以我的想法就是，在梁家河要解决这个缺煤少柴的问题，要搞沼气。第一口池子是颇费功夫的。一直看到沼气池两边的水位在涨，但是就不见气出。哎，很奇怪，怎么回事？最后的原因找到了，就是那个导气管堵塞了，最后一捅开溅得我满脸喷粪啊，满脸是粪。但那个气就呼呼往上冒，我们马上就接起管子来，我们的沼气灶上就冒出一尺高的火焰来。我看再憋一阵儿，那个池子要炸了。就在那个时候，我们这个沼气池是捅开了，另外的沼气池是相隔了一两天以后也建成了，但是我们还是第一。当时是第一个池子，全省第一池，后来就变成全省第一村，全村百分之七十以上的户用上了沼气。那个时候我是天天到处督导，又是支部书记，又是沼气专家，帮助指导这件事儿。"[①]

2016 年年底，中央财经领导小组召开第十四次会议，重点听取并

---

① 《习近平回忆插队建沼气池：捅开导气管被喷满脸粪》，见 http://he.people.com.cn/n/2015/0214/c192235-23910701.html。

讨论了推进北方地区冬季清洁取暖、普遍推行垃圾分类制度、畜禽养殖废弃物处理和资源化、提高养老院服务质量、规范住房租赁市场和抑制房地产泡沫、加强食品安全监管六件具体民生实事的汇报。

诸如冬季取暖这些看似是小事，其实都是大事，关系着每一个具体百姓的日常生活。这些工作落实没落实，做得好不好，百姓有实实在在的感受，是重大的民生工程、民心工程。这些既是百姓的期盼，也是党中央的执政目标。

当前和今后一个时期，在能源领域，要大力加强重点用能领域基础设施建设，积极推广清洁便利的用能方式，使能源普遍服务水平显著提升。要坚持以人民为中心的工作导向，重点建设基础性、兜底性民生工程，全面解决无电地区人口用电问题，大力提升城乡供电基础设施建设和服务水平，光伏扶贫取得突出成效，人民群众的获得感和满意度明显提高。

第一，实施新一轮农网改造升级。2016 年 2 月 22 日，国务院办公厅转发国家发展改革委《关于"十三五"期间实施新一轮农村电网改造升级工程意见的通知》（下称《通知》），提出要积极适应农业生产和农村消费需求，按照统筹规划、协调发展，突出重点、共享均等，电能替代、绿色低碳，创新机制、加强管理的原则，突出重点领域和薄弱环节，实施新一轮农村电网改造升级工程。

《通知》提出，到 2020 年，全国农村地区基本实现稳定可靠的供电服务全覆盖，供电能力和服务水平明显提升，农村电网供电可靠率达到 99.8%，综合电压合格率达到 97.9%，户均配变容量不低于 2 千伏安。东部地区基本实现城乡供电服务均等化，中西部地区城乡供电服务差距大幅缩小，贫困及偏远少数民族地区农村电网基本满足生产生活需要。县级供电企业基本建立现代企业制度。

具体措施包括：一是加快新型小城镇、中心村电网和农业生产供电设施改造升级。到 2017 年年底，完成中心村电网改造升级，实现平原地区机井用电全覆盖。二是稳步推进农村电网投资多元化，探索通过政府和社会资本合作（PPP）等模式，运用商业机制引入社会资本参与农村电网建设改造。三是开展西藏、新疆以及四川、云南、甘肃、青海四省藏区农村电网建设攻坚，到 2020 年实现孤网县城联网或建成可再生能源局域电网，农牧区基本实现用电全覆盖。四是加快西部及贫困地区农村电网改造升级，特别是国家扶贫开发工作重点县、集中连片特困地区以及革命老区的农村电网改造升级，解决电压不达标、架构不合理、不通动力电等问题，到 2020 年贫困地区供电服务水平接近本省（区、市）农村平均水平。五是推进东中部地区城乡供电服务均等化进程，逐步提高农村电网信息化、自动化、智能化水平，进一步优化电力供给结构。

第二，大力推进北方地区冬季清洁取暖。受经济发展水平、居民分布密集程度、地区用电负荷等因素影响，部分城市周边、城乡接合部、农村等地尚不能实现集中供暖，大量使用分散燃煤小锅炉、小火炉取暖，取暖效果差、污染物排放总量大。据测算，同样 1 吨煤，散烧煤的大气污染物排放量是燃煤电厂的 10 倍以上。

按照企业为主、政府推动、居民可承受的方针，宜气则气、宜电则电，大力提高北方地区冬季清洁取暖水平。"十三五"期间，我国将对包括热电联产机组在内的燃煤机组实施"超低排放"改造，计划 5 年内在有条件地区实现清洁取暖方式替代散烧煤。在天津，燃气供热比重由 2010 年的 0.4% 提高到 38%，热电、燃气等清洁能源供热比重由 31.7% 提高到 78.7%，集中供热能源结构将发生根本性转变。国家能源局将进一步推进燃煤电厂"超低排放"行动计划、燃气供暖、电供暖、生物质能供暖、地热供暖，切实落实中央财经领导小组第十四次会议关于推进北方地区冬季清洁取暖要求，解决好人民群众普遍关心的冬季安全供暖及雾霾问题。"十三五"期间，对包括热电联产机组在内的燃煤机组实施"超低排放"改造，改造后的烟尘、二氧化硫、氮氧化物排放浓度接近天然气发电机组排放标准。2016 年年底，北方地区已完成"超低排放"改造 1.3 亿千瓦，可减少烟尘、二氧化硫、氮氧化物排放 4.9 万吨、14.4 万吨、24.6 万吨。国家能源局会同国家发展改革委等 7 部委联合印发《关于推进电能替代的指导意见》，将居民取暖领域电能替代作为重点任务推进，明确了电供暖的主要领域，即针对燃气（热力）管网难以覆盖的个别城区、郊区，以及农村等大量使用散烧煤取暖地区，鼓励通过电锅炉、分散式电供暖、热泵等方式替代燃煤供暖，在东北等风电富余地区实施风电供暖。同时，在配电网建设改造、设备投资补贴、峰谷电价、电力直接交易等方面给予支持政策。此外，积极推进生物质能供暖、地热供暖等工程，切实解决好人民群众普遍关心的冬季安全供暖及雾霾问题。2018 年，大气污染防治 12 条重点输电通道将全部建成投入使用，"煤改电""煤改气"等替代工程也将向前推进。要通过增加重点地区清洁能源供应，压减煤炭散烧规模，进一步改善当地的用能条件，让人民群众放心用能、舒心用能。

第三，通过散煤炭治理有效改善空气质量。中国环境科学研究院大气污染防治首席科学家柴发合指出：散煤治理可以分为三个阶段，第一阶段要严控散煤，大力推进清洁煤替代，淘汰落后的采暖炉具，有条件的地区初步开展集中供暖和清洁能源替代。在第二、第三阶段，逐步提高清洁能源比例，在北京等地逐步实现散煤完全替代。一些地区发挥资源、技术优势，"无煤化"推进得有声有色。河北雄安新区的雄县有"中国温泉之乡"的称号，全县约六成面积蕴藏地热资源，也是禁煤区。当地实施地热代煤供暖已有 7 年多，相当于减少标准煤用量近百万吨，已成为"无烟城"。2016 年，市场上的空气源热泵技术开始成熟。地方政府要立足本地资源禀赋、经济水平和居民习惯，选择适宜的散煤治理模式。宜气则气、宜电则电、宜煤则煤、宜柴则柴，因地制宜。北京在农村地区，以空气源热泵为主、储能式电暖器为补充，推广采暖设备煤改电用户出现了井喷式增长，新增空气源热泵用户 15.1 万户。目前，北京各区根据财力和老百姓意愿，逐步用空气源热泵替换直热式电暖器，到 2017 年年底南部七区平原地区基本实现"无煤化"。

专家表示，考虑到农村地区能源基础设施薄弱，暂不具备清洁能源替代的地区，可以采取优质煤替换、配套使用节能环保炉具等过渡性措施，减少污染排放。

二、能源价格改革关系国计民生

能源价格是各类商品的基础性价格标杆。事实上，短缺类的能源突发事件大部分是在价格错位情况下导致的"人因型"能源短缺。在市场经济社会里，价格只有反映出产品的供求关系，才能实现对于资源的合理配置。中国市场经济起步比较晚，体系尚不成熟，因此中国能源市场体系还有待完善。中国能源价格一直偏低，特别是能源价格机制未能完全反映资源稀缺程度、供求关系和环境成本，造成能源浪费与能源短缺并存的尴尬局面。

近年来，推进资源性产品价格改革的呼声日益强烈，逐步理顺扭曲的资源价格体系，推动资源税赋关系，调整能源价格改革已是大趋势。目前，中国正从政府控制价格体系逐渐向市场价格体系过渡。能源价改的方向是按照市场规律与国际接轨，改变能源价格长期扭曲的现实。但据专家介绍，此项改革最大的问题就是价格改革触动利益群体太多，在保障亿万消费者正常利益条件下，出台能够协调产业上下游各方利益的改革方案非常困难。多年来，能源价格体系改革不彻底缘起于能源产品在国民经济中的基础性地位，一方面扭曲的价格体制造成能源生产企业没有生产和供应市场的积极性；另一方面政府需要考虑改善人民生活质量而不能提价增加人民负担，作为资源价格的管理者和制定者，政府可以说是在保持企业利益与维护人民利益中艰难的博弈，努力地寻求平衡点。随着能源体制改革进入深水区，其中的核心环节能源价格改革也进入攻坚期。2015 年 10 月 15 日发布的《中共中央国务院关于推进价格机制改革的若干意见》，为石油、天然气、电力等领域的价格改革划定了清晰的时间表。意见明确，到 2017 年，竞争性领域和环节价格基本放开，政府定价范围主要限定在重要公用事业、公益性服务、网络型自然垄断环节。到 2020 年，市场决定价格机制基本完善，科学、规范、透明的价格监管制度和反垄断执法体系基本建立，价格调控机制基本健全。

中国是以煤炭为主的国家，煤炭价格在国际能源价格中是比较低的，所以中国的能源价格也是表现为低位徘徊，中国也因此搞了很多高污染、高耗能的企业。2007 年 5 月 20 日，国务院正式批准建设"中国太原煤炭交易中心"。这是国家在流通领域落实"煤炭新政"的具体体现，标志着长期以计划经济体制为主的煤炭交易将迈步走向市场。时任山西省社会科学院院长李留澜指出很早就期盼出现中国的煤炭"欧佩克"。在他的记忆里，国家长期按计划价调拨煤炭，大量中小型煤炭生产企业无序竞争，同煤集团每吨煤最低曾卖到18元，矿工每月的生活费都难以保障。"中国太原煤炭交易中心"建成后，可为交易各方搭建统一开放、竞争有序的交易平台，避免暗箱操作，创造平等交易的市场环境。[①]

2003年以来，中国经济运行中资源约束矛盾加剧，煤炭、电力供应紧张，价格矛盾突出。为理顺煤电价格关系，促进煤炭、电力行业全面、协调可持续发展，经国务院批准，初步建立煤电价格联动机制。从长远看，要在坚持放开煤价的基础上，按照国务院颁布的《电价改革方案》规定，对电力价格实行竞价上网，建立市场化的煤电价格联动机制。改革初期主要根据煤炭价格与电力价格的传导机制，建立上网电价与煤炭价格联动，应该认识到，煤电联动不是一个市场定价制度，因为它不是符合条件就自发联动，只是市场化过程中的一个过渡性措施。最终根本的解决办法是，改革电力定价机制，推进电力市场改革，使电价能充分反映煤电成本和市场供需，提高发电用电效率。

在改革中必须照顾到人民群众的根本利益，浙江省自2004年就开始实行"阶梯式电价"的调价办法，在国内大部分地区也将推行居民生活用电阶梯式递增电价，也就是将居民月（年）用电量分为若干个档次，对基本用电需求部分实行较低的电价，对超过基本需求的电量实行较高的电价。这样，既能合理反映供电成本，又能兼顾不同收入水平居民的承受能力。

2017年下半年以来，煤炭现货价格经历了持续走高到明显回落的

---

① 罗盘：《"煤炭新政"修复黑色"创伤"》（经济聚焦），《人民日报》2007年9月14日第6版。

过程，煤价一度回归合理区间。2018 年 4 月份以来，在电煤需求增加、动力煤期货价格上涨影响市场预期、中间环节炒作等因素共同作用下，煤价有所反弹。总体而言，煤炭供需形势总体平稳，供给和运力均有保障，煤炭价格大幅上涨没有市场基础。

2017 年 11 月，国家发改委印发了《国家发展改革委办公厅关于推进 2018 年煤炭中长期合同签订履行工作的通知》，文件要求充分认识煤炭中长期合同的重要作用，进一步创新方式推动建立长期稳定合作关系。包括支持企业自主签订合同、鼓励供需双方直购直销、支持多签中长期合同、规范合同签订行为、完善电煤合同的价格机制、积极做好运力衔接、做好数据采集汇总工作。其中，要求重要及各省区规模以上煤炭、发电企业集团签订中长期合同数量因达到自有资源量或采购量的 75% 以上。合同一经签订必须严格履行，全年中长期合同履约率应不低于 90%。发改委将重点对 20 万吨以上的中长期合同进行监管。随着中长期合同制度不断完善，中长期合同签约履约率明显提高，对稳定供需关系和煤炭价格发挥重要作用。

石油是世界各国不可或缺的重要战略资源，目前国际石油市场经过 100 多年的发展，已经形成全球性的市场体系，形成了比较完整的现货市场和期货市场体系。石油市场的这种大环境促使各石油消费国调整价格机制，以与这一比较成熟的市场体系接轨。作为石油消费大国，中国也不可避免地受到国际市场的影响并积极探求适应本国实际情况的对策。

2005 年，我国就已形成相对周全的成品油定价机制方案，目标也预定在与国际接轨，但这套机制并未在现实中真正运作起来，目前成品油价格仍是在市场的基础上由政府统一定价。2008 年 6 月 19 日，我国适当地调高了汽油、柴油和航空煤油的价格。当前，我国成品油的价格由于考虑到各种国内可承受的程度，采取逐渐与国际接轨的办法。[①]2009 年 1 月以来，我国成品油价格经历了 5 次上涨以及 3 次下调。1 月 15 日零时起，国家发展改革委决定将汽、柴油价格每吨分别降低 140 元和 160 元，这次的降价拉开了 2009 年度油价频繁波动的序幕。两个月后，鉴于国际市场原油价格持续上升的情况，国家发展改革委又决定自 3 月 25 日零时起将汽、柴油价格每吨分别提高 290 元和 180 元，这是自 2009 年的首次上调成品油价格。随后的六月份，发改委又连续两次调高成品油价格。几次升降的过程中，油价在波动中一步一步地向上攀升，或许这种趋势还会延续下去。国内相关专家周大地等表示，新的成品油价格形成机制使得中国燃油价格对国际市场的反应更加灵敏，因为中国是石油进口国，目前只能是被动接受国际油价波动，国内油价同国际直接接轨"无法回避"。

2016 年年初，国家再次完善国内成品油价格机制，并进一步推进市场化改革。一是综合考虑国内原油开采成本、国际市场油价长期走势，以及我国能源政策等因素，设定成品油价格调控下限。当国内成品油价格挂靠的国际市场原油价格低于每桶 40 美元时，国内成品油价格不再下调。二是建立油价调控风险准备金。成品油价格未调金额全部纳入风险准备金，设立专项账户存储，经国家批准后使用，主要用于节能减排、提升油品质量及保障石油供应安全等方面。同时放开液化石油气价格，简化成品油调价操作方式，国家不再发文调价，改为信息稿形式公布调价信息。40 美元调控下限的设定，一举三得，多方

---

① 周大地：《调整能源价格正当时（专家视点）》，见 http://finance.ifeng.com/roll/20090805/1040508.shtml。

面维护了国家战略。一是对稳定大宗商品价格预期、缓解国内 PPI 下行压力、促进经济增速企稳回升起到积极作用；二是避免了国际市场油价暴跌重创国内石油产业，防止了今后油价上涨带来的潜在风险，有利于保障国内石油供应安全，符合国家长远利益；三是相对提高了可替代能源的竞争力，有利于新能源产业发展，促进能源消费结构调整和节能减排。

由于天然气相对于煤炭和石油而言属于碳排放较低的清洁型能源，因此国内许多城市的供暖甚至交通都开始以天然气替换煤炭和石油。2009 年 11 月，由于受天气影响，全国天然气需求猛增，天然气供应出现短缺状况。据报道，11 月杭州 1/3 的居民用气受影响，11 家企业因缺气关停；而湖北武汉一度所有出租车停止供气，武汉天然气用气缺口曾经达 60 万立方米，南京的天然气日缺量达 40 万立方米。有专家表示，即使中石油已将产能扩大到最大化，但是全国工业用和车用天然气供给仍将是十分紧张的。供给跟不上以及较早到来的寒流导致供给准备不足是出现"气荒"的两大推手。在过去很多年间，中国都没有出现过如此规模的天然气供应缺口。中石油的官方解释说，2009 年中国北部地区遭遇了罕见的大雪和冰冻，由于北方天然气需求量急剧上升，不得不对长江以南部分城市进行减供，但这似乎并不是问题的全部。国内天然气生产企业认为目前价格不合理，要求进行天然气价格体制改革的呼声已经越来越高。事实上，"石油巨头市场在供应紧张的有利时机觊觎更高的市场价格"这一说法已经在市场中广为流传。中国石油大学教授董秀成认为，"缺气的根源在于目前天然气的价格管制。没有利益的驱动，企业就没有动力去勘探更多的油气田。而进口天然气也是因为价格的矛盾迟迟难以进到国内。"在能源专家韩晓平看来，天然气之所以出现供应短缺，并不仅仅是价格问题，"一个重要的原因是我们勘探开发的主体太单一了，没有建立起一个多元化的供应渠道。有竞争企业才有降低成本的内在动力，只有一个企业来经营的话，它永远会说价格不够高。"① 党的十八大以来，按照"管住中间、放开两头"的总体思路，坚持改革与监管并重，在加快推进天然气价格市场化改革、快速提高气源和销售等竞争性环节价格市场化程度的同时，加强自然垄断环节的输配价格监管，着力构建起天然气产业链从跨省长输管道到省内短途运输管道、再到城镇配气管网等各个环节较为完善的价格监管制度框架。重点是要通过采取完善价格机制、推广大用户直供等政策措施，提高电力、天然气在终端能源消费中的比重。积极推进天然气价格改革，降低天然气综合使用成本，稳步推进天然气接收和储运设施公平开放，在居民生活、交通运输、工业生产等领域加快"以气代煤"和"以气代油"，同时大力发展天然气分布式能源和天然气调峰电站。通过上述措施，力争 2020 年天然气消费比重达到 10% 左右。

当前能源体制机制改革进入快车道。电力体制改革全面铺开，交易机构组建基本完成，发用电计划和配售电业务有序放开，竞争性电力市场初具规模。制定出台油气体制改革总体方案，勘探开发、管网运营等领域市场化改革加快推进。能源价格改革力度进一步加大，输配电价改革实现省级电网全覆盖，非居民天然气门站价格显著降低。深化"放管服"改革，取消、下放能源领域 64% 的行政审批事项，能源监管服务体系逐步完善，能源治理方式初步实现向战略、规划、政策、

---

① 《中石油称天然气供应接近极限　专家认为是垄断机制惹的祸》，见 http://finance.ifeng.com/news/special/tianranqihuang/20091122/1492960.shtml。

标准、监管、服务的重大转变。

三、能源基础设施建设助力乡村振兴与区域协调发展

中国多年来积极推进民生能源工程建设，提高能源普遍服务水平。与 2006 年相比，2011 年中国人均一次能源消费量达到 2.6 吨标准煤，提高了 31%；人均天然气消费量 89.6 立方米，提高了 110%；人均用电量 3493 千瓦时，提高了 60%。建成西气东输一线、二线工程，全国使用天然气人口超过 1.8 亿。实施农村电网改造升级工程，累计投入 5500 多亿元人民币，使农村用电状况发生了根本性变化。青藏联网工程建设成功，结束了西藏电网孤网运行的历史。推进无电地区电力建设，解决了 3000 多万无电人口的用电问题。在北方高寒地区建设了 7000 万千瓦热电联产项目，解决了 4000 多万城市人口的供暖问题。

推进农村能源形态的进步。"十三五"时期影响能源一个非常重要的因素是城镇化。城镇化特别是基于燃煤的传统城镇化可能会加重环境负荷，因此，我国的城镇化需要精心设计。比如，提供方便的公共交通以及节能、环境友好的建筑，减少职住分离，注重梯级用能等等。此外，还要同步推进农业现代化，以分布式低碳能源网络满足用能的增量。要因地制宜，用天然气、光、风、生物质、地热等，以及垃圾的资源化利用，加上大数据智能化管理，推进农村能源形态的进步。这些都是新型城镇化和农业现代化的重要内涵。根据《能源发展"十三五"规划》，"十三五"时期，我国将全面推进能源惠民工程建设，着力完善用能基础设施，精准实施能源扶贫工程，切实提高能源普遍服务水平，实现全民共享能源福利。

今后将重点加强能源基础设施和公共服务能力建设，提升产业支撑能力，坚持能源发展和脱贫攻坚有机结合，推进能源扶贫工程。继续倾斜支持国家级扶贫开发重点县农网改造升级工程。

同时，加大贫困地区能源服务政策支持力度。推动建立偏远少数民族地区电力普遍服务财政补偿机制，出台优惠财政政策，解决人口较少、电量较小的偏远地区农村电网运行维护费用不足问题，支持电网企业做好电力普遍服务工作。积极采用"光伏+"鱼塘、大棚等农业设施的方式，促进贫困地区一二三产业融合发展。

同时，中国作为一个农业大国，在发展低碳经济的进程中应该优先关注农民的权益，2001年，中国农业部提出并组织实施了"生态家园富民"计划。以农村户用沼气建设为核心，整合各类可再生能源技术和高效生态农业技术，在农户基本生产生活单元内部形成能流和物流的良性循环，达到家居环境清洁化、资源利用高效化和农业生产无害化的目标。"生态家园富民"计划带动了广大农民生产、生活方式的变革，有效保护了生态环境，促进了农业增效和农民增收，是中国农业和农村经济可持续发展进程中的一个成功实践。

此外，2017年完成小城镇中心村农网改造升级，平原地区机井用电全覆盖，基本完成贫困村通动力电。积极发展生物质能等新能源。因地制宜，积极推广生物质能、地热能供暖。推进城镇生活垃圾、农村林业废弃物、工业有机废水等城乡废弃物能源化利用。加强垃圾焚烧发电项目运行及污染物排放监测，定期公布监测报告。开展垃圾焚烧发电领跑者示范项目建设，推动垃圾焚烧发电清洁绿色发展。组织开展海洋能调查研究，适时启动示范项目建设。生物质能的主要利用方式是发电、供热和生产液体燃料。生物质发电技术已经比较成熟，主要有直燃、混燃、气化、沼气、垃圾填埋气发电等技术。

在发展生物质能源方面，因其与关系民生的粮食问题有着密切关联尚存在一些争议。通常，不同国家的原料选择都是本着"因地制宜"的原则，选取廉价而丰富的作物作为燃料乙醇的首选原料，如巴西的甘蔗、美国的玉米等。中国的燃料乙醇发展初期，为了消化部分陈化玉米和小麦，选取了玉米和小麦为主要原料。为此，中国发改委已经作出了"非粮为主"的指示，未来燃料乙醇产业的健康发展需要对原料作出科学合理的规划。[①]

截至 2016 年年底，全国已投产生物质发电项目 665 个，并网装机容量 1224.8 万千瓦，年发电量 634.1 亿千瓦时，年上网电量 542.8 亿千瓦时，较 2015 年新增 66 个项目，新增并网装机容量 104.9 万千瓦。农林生物质发电项目 254 个，并网装机容量 646.3 万千瓦，年发电量 326.7 亿千瓦时，年上网电量 298.5 亿千瓦时，年利用小时数 5719 小时，较 2015 年新增 23 个项目，新增并网装机容量 59.5 万千瓦。垃圾焚烧发电项目 273 个，并网装机容量 548.8 万千瓦，年发电量 292.8 亿千瓦时，年上网电量 236.2 亿千瓦时，年利用小时数 5862 小时，年处理垃圾量 10456 万吨，较 2015 年新增 25 个项目，新增并网装机容量 44 万千瓦，新增垃圾处理能力 3.8 万吨 / 日。

截至 2016 年年底，生物质发电并网装机容量约占总装机容量的 2.1%，约占总发电量 4.1%；我国非水可再生能源发电装机容量 2.39 亿千瓦，发电量 3719 亿千瓦时，其中生物质发电并网装机容量约占非水可再生能源总装机容量的 5.1%，约占总发电量 17.0%。

---

① 《用科技实现能源安全》，来源：《中国燃料乙醇产业现状与展望——产业研究白皮书》，见 http://www.cheminfo.gov.cn/UI/Information/Show.aspx?xh=123&tblName=focus。

总之，坚持系统优化，提高能源协调发展水平。结合区域战略的实施，优化高耗能产业和能源开发布局，西部地区提高能源就地消纳比例，东中部地区加快高耗能产业转移，降低对远距离能源输送的依赖。

第二节　能源安全是全面建设小康社会的重要保障

"十三五"时期需补短板，落实五大发展理念对推动能源转型有重要意义。党的十八届五中全会和十九大都提出了创新、协调、绿色、开放、共享的发展理念。其中，绿色是永续发展的必要条件。在"十三五"时期，我们要补齐环境短板，环境质量应明显改善，污染排放和碳强度应有明显下降。在这一过程中，能源转型是基础和必要的，而且低碳转型的技术和经济的可行性也日益增加，这为实现能源转型提供了良好条件。

一、能源领域是供给侧结构性改革的重要环节

推进供给侧结构性改革，是以习近平同志为核心的党中央坚持解放思想、实事求是的思想路线，坚持问题导向的思想方法，作出的一项重大战略决策，是适应和引领经济发展新常态的必然要求。中国的能源转型，应推进多元化的能源供给侧改革，"兴气、稳油、减煤、发展核能和可再生能源"，采取天然气和核能同补双增长的模式，改变能源供给结构。

全球正处于能源转型期。2015 年到 2035 年间，石油和煤炭在一次能源消费中的占比将逐渐降低，天然气进一步上升，可再生能源大幅

增长，核能与水电保持平稳水平。其中，到 2035 年，天然气占比可能超过煤炭，成为世界第二大能源。

当前，我国经济发展的显著特征就是进入新常态。新常态下，我国经济发展的主要特点是：增长速度要从高速转向中高速，发展方式要从规模速度型转向质量效率型，经济结构调整要从增量扩能为主转向调整存量、做优增量并举，发展动力要从主要依靠资源和低成本劳动力等要素投入转向创新驱动。这些变化，是我国经济向形态更高级、分工更优化、结构更合理的阶段演进的必经过程。

同时，我国能源发展也有了新态势。一是总量增速放缓。2015 年我国能源消费总量同比增长 0.9%，用电量仅增 0.5%。二是能源结构逐步优化。煤炭的年消耗从"十二五"前两年的增量较大，到"十二五"后两年的负增长，非化石能源在一次能源占比达到 12%。三是更加注重能效和环境。四是能源科技创新进入高度活跃期。

引领经济新常态、落实发展新理念，对能源发展提出了新要求。当前，我国能源发展处于战略转型期，正在经历一场深刻的生产消费革命。要充分认识速度变化是发展的必经阶段、结构变化是产业迈向中高端水平的内在要求、动力转换是能源发展的根本出路，积极探索和找准工作着力点。

2017 年 3 月，国家能源局负责人指出：能源是国民经济的重要组成部分，经济发展进入新常态后，特别是长期绷得很紧的供应压力缓解后，供给侧存在的结构性矛盾问题也进一步凸显出来，必须要以提高供给质量、满足有效需求为根本目标，以减少无效供给、扩大有效供给、优化供给结构为主攻方向，坚定不移地继续推进能源供给侧结构性改革，标本兼治，综合施策，把"三去一降一补"五大任务在能源领域贯彻好、落实好。

第一，化解防范能源领域产能过剩，减少低端无效供给。当前，能源领域去产能仍然是供给侧结构性改革的一个重头戏。2016 年，超额完成了 2.5 亿吨的煤炭去产能任务。要继续淘汰一批落后煤矿，依法依规处置一批违规建设的煤矿，有序发展先进产能，不折不扣地完成煤炭去产能任务。同时，要进一步加大防范和化解煤电产能过剩风险的力度。按照"清理违规、严控增量、淘汰落后"的原则，采取稳、准、狠的措施，清理、停建、缓建一批煤电项目，加大落后机组淘汰力度，坚决把 2020 年煤电装机规模控制在 11 亿千瓦以内。此外，还要继续推进成品油质量升级，促进炼油企业优胜劣汰。

发电是煤炭清洁高效利用的重要途径，目前发达国家电煤比重多在 80% 以上，美国超过 90%。因此要加快散煤治理，大力推进天然气、电力、可再生能源等清洁能源替代民用散煤，实施工业燃煤锅炉和窑炉改造，大量压减散煤利用，大幅度提高电煤比重，争取到 2020 年达到 55% 以上。

第二，实施重大战略工程，推进能源结构调整。把能源革命长期战略与供给侧结构性改革当前任务结合起来，围绕能源结构战略调整，实施一批重大工程项目，尤其是关系国计民生的水电、核电等工程项目，无论现在还是将来，都是结构调整的主力。这些项目体量规模大、建设周期长，需要几年甚至十几年的时间才能建成投产发挥作用，要超前谋划、科学布局、尽早开工。同时，还要立足基本国情，着力抓好油气勘探开发和传统能源产业的改造升级，推进化石能源清洁化利用，提高能源安全自主保障能力。

第三，着力补齐供给短板，提高协调发展能力。在推进能源结构性调整的同时，还要进一步加强能源系统优化和民生服务，着力补齐系统效率短板和民生用能短板。一方面，要扩大煤电机组灵活性改造范围，加快抽水蓄能电站建设，积极发展大容量规模化储能，着力提升电网调峰能力，促进风电、光伏等新能源发电有效并网消纳；另一方面，要深入实施能源民生工程，增加清洁便利、高质经济的能源供给，提升人民群众生产生活用能水平，加快能源奔小康步伐，让人民群众有更多获得感。

第四，创新生产消费模式，培育创新发展动能。近年来，国家在电能替代、天然气利用、智慧能源建设等方面进行了有益探索和实践，电动汽车、分布式能源、智能电网、多能互补等一批能源生产消费新模式、新业态蓬勃兴起。下一步，要把优化供给结构与引导合理消费结合起来，以新供给满足新需求，以新需求引导新供给，推动能源供需关系迈向更高水平的平衡。

今后把防范化解煤电产能过剩风险作为能源工作的重中之重，不折不扣地抓好落实，有效推动火电行业健康发展。

二、能源领域是脱贫攻坚的坚实基础

根据国家《"十三五"脱贫攻坚规划》，到 2020 年，要确保我国现行标准下农村贫困人口实现脱贫，贫困县全部摘帽，解决区域性整体贫困。习近平在《中共中央关于制定国民经济和社会发展第十三个五年规划的建议》的说明中明确指出，通过实施脱贫攻坚工程，实施精准扶贫、精准脱贫，7017 万农村贫困人口脱贫目标是可以实现的。在 2017 年年初发布的"中央一号文件"中，推进光伏发电被列入补齐农业农村短板、夯实农村共享发展基础的重要举措。

作为国内首创的精准扶贫、精准脱贫模式，生态光伏扶贫的优势和效益已经显现。

在能源领域，要着力抓好农村电网改造升级和城市配电网建设，实施新一轮农网改造升级工程。2017年，要重点完成8.5万个小城镇中心村电网改造，实现平原地区150万口机井通电全覆盖，3.35万个贫困村基本通动力电。特深度贫困地区的移民搬迁地区的生活用电和动力电要及时跟上，确保搬迁到哪里、电就通到哪里。

同时，落实中央精准扶贫、精准脱贫的要求，深入开展光伏扶贫。2014年10月，国家能源局、国务院扶贫开发领导小组办公室联合印发了《关于实施光伏扶贫工程工作方案》，决定利用6年时间组织实施光伏扶贫工程，方案明确要以"统筹规划、分步实施，政策扶持、依托市场，社会动员、合力推进，完善标准、保障质量"为实施光伏扶贫工程工作原则。光伏扶贫既是扶贫工作的新途径，也是扩大光伏市场的新领域，有利于人民群众增收就业，有利于人民群众生活方式的变革，具有明显的产业带动和社会效益。根据国家扶贫工作部署和支持光伏产业的政策，组织实施光伏扶贫工程的工作目标主要是利用6年时间，到2020年，开展光伏发电产业扶贫工程。一是实施分布式光伏扶贫，支持片区县和国家扶贫开发工作重点县（以下简称"贫困县"）内已建档立卡贫困户安装分布式光伏发电系统，增加贫困人口基本生活收入。二是片区县和贫困县因地制宜开展光伏农业扶贫，利用贫困地区荒山荒坡、农业大棚或设施农业等建设光伏电站，使贫困人口能直接增加收入。2015年，光伏扶贫被正式列入国家精准扶贫十大工程。

2017年春节，中共中央总书记、国家主席、中央军委主席习近平来到河北省张家口市张北县小二台镇德胜村考察。这个村是贫困村，全村413户中有212户是建档立卡的贫困户。近两年来，村里结合实际，发展农业产业化，引进光伏项目兴建集中式农光互补扶贫电站。在400千瓦村级电站旁，习近平察看设备安装运行状态，详细了解电站如何发挥惠农扶贫作用。得知电站投入运营后，并网发电收入能让贫困户每年人均增收3000元，习近平很高兴，希望把这种切实可行的事抓紧做起来。按照资源的优劣程度，我国将光伏资源区划分为三类，Ⅰ、Ⅱ、Ⅲ类地区的上网电价分别为0.8元/千瓦时、0.88元/千瓦时和0.98元/千瓦时。德胜村所在的张家口市属Ⅱ类资源区，在享受0.88元/千瓦时电价的同时，河北省针对2017年年底以前建成投产的光伏电站提供0.2元/千瓦时的补贴，自并网之日起连续补贴3年。所以，德胜村的400千瓦村级电站享受1.08元/千瓦时的电价并且全额上网。按照每年60万千瓦时的发电量计算，目前电站每年可以为村里带来64.8万元的发电收入。值得注意的是，无论是400千瓦的村级电站还是即将建设的集中式电站，采用的都是3米架空的高支架技术，在不改变原有土地性质的原则下，不打桩、不破坏地表层结构，这种"生态修复＋发电＋种树＋种草＋养殖"的生态光伏扶贫模式已经在德胜村全面实施。

当然，在部分贫困地区，农村电网改造提升进程和电网企业配套滞后，农村电网线路质量差、电压等级低、停电多有发生，光伏电站并网时对电压等参数影响较大，难以满足并入电网的要求。扶贫光伏电站重建设轻运维情况较为突出，一些贫困户由于缺乏光伏电站运行维护相关知识、技能和能力，难以及时对光伏电站进行维护。

2018 年 1 月，国务院扶贫办印发了《村级光伏扶贫电站收益分配管理办法》的通知，指出村级光伏扶贫电站是指在具备光照、资金、土地、接网、消纳等条件的建档立卡贫困村建设，且纳入国家光伏扶贫计划的电站。村级光伏扶贫电站单体规模 300 千瓦左右（具备就近接入条件的可放大至 500 千瓦），少数建设单村电站困难的建档立卡贫困村可以联建方式建设联村扶贫电站。村级光伏扶贫电站的发电收益形成村集体经济，用以开展公益岗位扶贫、小型公益事业扶贫、奖励补助扶贫等。有光伏扶贫任务的建档立卡贫困村，由村委会每年制订收益分配使用计划，提交村民代表大会通过后上报乡镇政府审核并报县（市、区）扶贫办备案。收益分配使用计划向村民公示，作为实施收益分配的依据。村委会根据分配使用计划对年度实际发电收益进行分配，并在年底公告收益分配使用结果。

三、能源领域是污染防治的关键所在

2015 年 5 月 18 日至 19 日，全国生态环境保护大会在北京召开。中共中央总书记、国家主席、中央军委主席习近平出席会议并发表重要讲话，习近平指出，要全面推动绿色发展。绿色发展是构建高质量现代化经济体系的必然要求，是解决污染问题的根本之策。重点是调整经济结构和能源结构，优化国土空间开发布局，调整区域流域产业布局，培育壮大节能环保产业、清洁生产产业、清洁能源产业，推进资源全面节约和循环利用，实现生产系统和生活系统循环链接，倡导简约适度、绿色低碳的生活方式，反对奢侈浪费和不合理消费。习近平强调，要把解决突出生态环境问题作为民生优先领域。坚决打赢蓝天保卫战是重中之重，要以空气质量明显改善为刚性要求，强化联防

联控，基本消除重污染天气，还老百姓蓝天白云、繁星闪烁。[①]

污染问题既是发展问题，又是民生问题，关系到全面建成小康社会的成效。打好污染防治攻坚战，要使主要污染物排放总量大幅减少，生态环境质量总体改善，重点是打赢蓝天保卫战，调整产业结构，淘汰落后产能，调整能源结构，加大节能力度和考核，调整运输结构。

"十一五"以来，全国煤炭消费量由 24 亿吨增加到 42 亿吨，主要工业产品、电解铝等产量均增加了一倍以上，但通过总量减排，高排放行业治理工程建设等举措，主要污染物、氮氧化物排放总量呈现下降态势。然而，近年来长时间、大范围的雾霾污染频发，表明我国环保约束性指标设定尚需完善。"十一五"时期总量控制只有两项污染物，"十二五"时期总量控制为四项污染物——二氧化硫、氮氧化物、化学需氧量和氨氮，"十三五"规划建议提出扩大污染物总量控制范围，要将重点行业挥发性有机物纳入控制指标，还明确将细颗粒物（PM2.5）等环境质量指标列入约束性指标。环境保护成效突出。中国加快采煤沉陷区治理，建立并完善煤炭开发和生态环境恢复补偿机制。2011 年，原煤入选率达到 52%，土地复垦率 40%。加快建设燃煤电厂脱硫、脱硝设施，烟气脱硫机组占全国燃煤机组的比重达到 90% 左右。燃煤机组除尘设施安装率和废水排放达标率达到 100%。加大煤层气（煤矿瓦斯）开发利用力度，抽采量达到 114 亿立方米，在全球率先实施了煤层气国家排放标准。五年来，单位国内生产总值能耗下降减排二氧化碳 14.6 亿吨。

燃煤排放被证实是雾霾的首要来源，当下中国能源结构中煤炭消

费比重超过 60%，实施天然气、电力替代煤炭、石油等化石能源，是实现节能减排和结构优化的重要途径。曾经深受雾霾困扰的英国，用 20 年使石油替代了 20% 的煤炭、用天然气替代了 30% 以上的煤炭，最终使煤炭占能源结构的比例从 90% 下降到了 30%。"十三五"时期，我国将着眼于抑制不合理能源消费，优化能源供应结构，大力提高清洁能源供应比例，推动能源技术革命，还原能源商品属性。

大力发展非化石能源，大力推进化石能源清洁高效利用，是迈向绿色低碳能源发展道路的两个重要战略途径。煤电超低排放和节能改造工作自 2014 年启动以来，取得了突破性进展，累计完成了超低排放改造 4.5 亿千瓦、节能改造 4.6 亿千瓦，对有效降低煤电机组主要污染物排放、提高能源利用效率起到了重要作用。

治理大气污染，根据发达国家的经验，最重要的措施就是实行以气代煤，利用天然气替代煤炭可以达到 40% 以上的减排效果。当前，影响我国天然气利用的主要矛盾是能源消费的结构性矛盾，即长期依赖煤炭消费，而对天然气消费的支持不力，主要体现在供应、价格、储运、管网以及普及化等方面。我国天然气价格主要依据供气量实施政府定价，目前页岩气、煤制气的价格已经放开，但是尚未完全形成依据国际市场可替代能源价格变动的调价机制。由于下游用气价格不随上游气价联动，造成天然气与煤炭、石油相比不具有竞争力，限制了天然气发电和城镇电气化改造。今后要加快工商业领域"煤改气"，加快提高城镇气化率，全面放宽油气储运管制，抓紧时机降低天然气价格，增加天然气进口供应，建立天然气交易市场，加紧制定燃煤发电资源税或环境税调节政策。

据不完全统计，我国煤炭集中利用率在 60% 左右，大量散煤被用作中小锅炉燃料及农村取暖。在全国散煤利用中，民用散煤、工业小窑炉、工业小锅炉三分天下，其中农村采暖用煤约 2 亿吨，占散煤消费总量的 27%。散煤民用的核心区域为广大农村地区，包括城中村、城乡接合部，消费量约 2 亿吨，其中约 90% 用于冬季采暖。工业小窑炉散煤消费量约 2.36 亿吨，主要来自建筑、陶瓷、砖瓦等行业。全国 35 蒸吨及以下的小锅炉，消耗散煤约 2.2 亿吨。散煤通常是灰分、硫分含量高的劣质煤，燃烧时往往缺少脱硫、脱硝、除尘处理，直燃直排、点多面广，污染很严重，也难以监管。[①] 环保部曾对京津冀地区销售的散煤质量进行抽查，发现煤质超标普遍，北京超标率为 22.2%，天津超标率为 26.7%，河北唐山、廊坊 4 个市平均超标率为 37.5%。

当前，京津冀地区的雾霾令人关注，2017 年，在国家大气污染防治攻关联合中心的指导和北京市科学技术委员会立项的重大科研项目支持下，北京市环保局组织北京市环境保护监测中心、清华大学、中科院大气物理所及北京大学等相关单位，完成了"北京市 2017 年大气 $PM_{2.5}$ 精细化来源解析"研究工作，得出了北京市新一轮 $PM_{2.5}$ 的主要来源结论和下一步工作建议。

研究结果显示，2017 年 $PM_{2.5}$ 年均浓度 58 微克 / 立方米中区域传输贡献约 20 微克 / 立方米。随着污染级别增大，区域传输贡献上升，重污染日区域传输占 55%—75%。从北京市当前本地大气 $PM_{2.5}$ 来源特征看，移动源占比最大，达 45%。北京市环保局介绍，此次研究的主要结论表明，北京市全年 $PM_{2.5}$ 主要来源中本地排放占三分之二，现阶段本地排放贡献中，移动源、扬尘源、工业源、生活面源和燃煤源分

---

① 《人民日报：治理散煤污染　思路要广一点》，见 http://news.youth.cn/gn/201712/t20171209_11126154.htm。

别占 45%、16%、12%、12% 和 3%，农业及自然源等其他约占 12%。移动源排放中，在北京行驶的柴油车贡献最大，根据此次研究结果，专家建议，北京应根据本次源解析污染特征，强化对移动源（特别是柴油车）、扬尘和生活面源的治理。

从技术角度上看，新能源汽车发展由远及近的顺序依次应当为：传统动力总成系统上的节能和优化；以动能回收为核心技术的混合动力；在此基础上的插电式混合动力和增程式电动车；最后才是真正实现纯电动。这其中，混合动力是发展纯电动车技术的必由之路。节能与新能源的发展，目的是节能减排，从节能的角度看，离不开电池技术和能量回收技术。这恰好是普通混合动力汽车的核心技术。只有通过大量混合动力汽车的运行，积累电池技术和能量回收技术，验证核心关键零部件的可靠性，才会为纯电动车的发展提供宝贵的技术积累和经验积累。进而突破技术瓶颈，实现零排放的纯电动。相比纯电动车，混合动力汽车无疑是现阶段最现实、最具有推广价值的新能源与节能汽车。一方面，混合动力车技术回避了国内充电配套设施缺乏的局限，使用的方便性十分突出；另一方面，它特别适合中国大城市交通普遍拥堵、汽车频繁制动的实际情况，是真正能够为中国社会的节能减排落到实处的技术。而只需稍微加强政策的扶持，使得消费者购买混合动力产品的成本有所下降，那么混合动力车型的推广将指日可待。

过去几十年间，矿产资源开发利用传统粗放为中国带来生态、环境等一系列问题，其中包括采矿引发地面塌陷，特别是采煤塌陷等灾害严重；占用损毁土地数量巨大，累计超过 300 万公顷；破坏区域地下水系统，导致地下水位下降、泉流量减少甚至干枯；废渣废水污染水土环境，全国固体废渣积存量超过 480 亿吨，矿山废水年产出量超过 110 亿方。国土资源部、财政部、环境保护部、国家质检总局、银监会、证监会联合印发《关于加快建设绿色矿山的实施意见》，全面推进绿色矿山建设工作。意见要求新建矿山全部达到绿色矿山建设要求，生产矿山加快改造升级，逐步达标。

近年来，我国风电、太阳能发展较快，取得了举世瞩目的成绩，目前装机容量均居世界第一。与此同时，我国局部地区出现了比较严重的弃风弃光问题，成为制约可再生能源可持续发展的突出瓶颈。

第三节　能源消费革命是小康社会的基本要求

推动能源生产和消费革命、加快建设生态文明是习近平总书记治国理政新理念新思想新战略的重要内容，是中国特色社会主义实践对人类文明进步事业的重大创新贡献。

一、小康社会必须破解能源重点领域的供需矛盾

2007 年，国务院颁发了《节能减排综合性工作方案》，强调要大力调整产业结构，严格控制新建高耗能、高污染项目，限制高耗能产品生产，加快淘汰电力、钢铁、电解铝、铁合金、电石、焦炭等行业的落后生产能力，推进工业、交通、建筑等重点领域、重点行业和重点企业节能。

中国政府建立了政府强制采购节能产品制度，积极推进优先采购节能（包括节水）产品，选择部分节能效果显著、性能比较成熟的产品予以强制采购。积极发挥政府采购的政策导向作用，带动社会生产和使用节能产品。研究制定鼓励节能的财税政策，实施资源综合利用

税收优惠政策，建立多渠道的节能融资机制。深化能源价格改革，形成有利于节能的价格激励机制。实施固定资产投资项目节能评估和审核制度，严把能耗增长的源头。建立企业节能新机制，实施能效标识管理，推进合同能源管理和节能自愿协议。

坚持把节能当作第一能源，严格控制能源消费总量，建筑节能标准不断提高，绿色交通体系加快形成，节能产品广泛应用，绿色生活方式蔚然兴起。能源消费模式不断创新，智慧能源、多能互补等新业态新模式不断涌现，煤改电、煤改气等清洁能源替代广泛开展，大气污染防治行动计划12条重点输电通道即将全面建成。2014年以来，我国清洁能源消费比重提高4个百分点以上，煤炭消费比重下降5个百分点以上，单位国内生产总值能耗下降约14.6%。累计推广新能源汽车超过100万辆，建成公共充电桩超过17万个，全国高速公路干线和主要城市充电网络初具规模。

全民节能的主攻方向在于中国方兴未艾的城市化进程，而当前中国城市化进程中涉及能耗最高的两块就是建筑和交通，所以当前全民节能的重点领域在建筑和交通。《中华人民共和国节约能源法》对于建筑节能、交通运输节能进行了原则性的阐释。2008年7月23日，国务院常务会议审议并原则通过《公共机构节能条例（草案）》和《民用建筑节能条例（草案）》。

中国建筑总能耗约占社会终端能耗的20.7%。其中，北方城镇建筑采暖和农村生活用煤约为1.6亿吨标煤/年，占中国2004年煤产量的11.4%；建筑用电和其他类型的建筑用能（炊事、照明、家电、生活热水等）折合为电力，总计约为5500亿度/年，占全国社会终端电耗的27%—

29%。①如果中国单位建筑面积能耗达到美国水平，则城镇建筑能耗将为美国目前建筑能耗总量的两倍，是目前全球总能源消耗量的1/8。

中国是一个发展中大国，又是一个建筑大国，每年新建房屋面积高达17亿—18亿平方米，超过所有发达国家每年建成建筑面积的总和。随着全面建设小康社会的逐步推进，建设事业迅猛发展，建筑能耗迅速增长。所谓建筑能耗指建筑使用能耗，包括采暖、空调、热水供应、照明、炊事、家用电器、电梯等方面的能耗。其中采暖、空调能耗约占60%—70%。中国既有的近400亿平方米建筑，仅有1%为节能建筑，其余无论从建筑围护结构还是采暖空调系统来衡量，均属于高耗能建筑。单位面积采暖所耗能源相当于纬度相近的发达国家的2—3倍。这是由于中国的建筑围护结构保温隔热性能差，采暖用能的2/3白白跑掉。而每年的新建建筑中真正称得上"节能建筑"的还不足1亿平方米，建筑耗能总量在中国能源消费总量中的份额已超过27%，逐渐接近三成。

中国已经在建筑领域采取一系列措施加强低碳经济建设。2008年10月1日开始施行《民用建筑节能条例》。力争到2009年年底，全国新建建筑物施工阶段执行强制性标准的比例达到90%以上，推动有条件的城市执行新建建筑物65%的节能标准。节能领域要以全社会的节能降耗为核心，特别是在建筑节能领域，必须限制建筑总量，同时找到不同于发达国家的能源发展途径，既满足经济发展和生活水平提高，又大幅度降低建筑能耗，实现城市建设的可持续发展。

建筑节能不仅要着眼于减少能源的使用，还必须考虑尽量采用低

---

① 《中国的建筑能耗现状与发展的趋势》，资料来源：世界能源金融网，见 http://www.wefweb.com/news/2009417/0907513449_0.shtml。

品质（低能值转换率）的能源。如地热能、太阳能（直接应用、热水器应用、优先于利用太阳能发电应用），特别是在建筑设计中尽可能优先应用简单技术，如通风、外遮阳等，达到能源节约的目的。尽可能采用能调动行为节能积极性的"分散"空调或能源设施，而不是大型集中能源设施利用低品质能源进行建筑整体性或基础性调温；利用高品质能源来进行局部性、精细性调温，将成为绿色建筑设计的通则。对新建筑要强制执行节能标准，全面实施节能标准，实施严格的审查制度和处罚措施，对建筑全过程的所有环节进行监控，认真执行建筑节能标准。对能耗过高的大型公共建筑限期完成改造（大型公建单位面积耗能比民用高5—10倍）。

根据清华大学江亿院士的研究成果，如果采用科学、全面的节能措施，可以使我国到2020年，在总建筑面积增加150亿平方米、人民生活水平显著提高的情况下，北方建筑采暖能耗不增加，全国建筑能耗仅增加电力2300亿千瓦时/年，相对于不采取节能措施，每年可节约2.6亿吨标煤，相当于我国2004年煤产量的18.6%；节约建筑用电3500亿千瓦时，相当于四个三峡电站的年发电量。建筑节能的许多技术和成果很多，其推行主要在于人们的节能意识，必须科学规划建筑节能，停止兴建高档办公楼、豪华住宅，不能盲目提倡"与国际接轨""三十年不落后"。

以民用建筑中的开窗通风为例，比如需要空气换风，我国传统的习惯是开窗户，让空气流动，换新鲜空气；可是到了高档建筑就不行了，很多高档建筑的窗户根本不能开，通风换气要靠风机，到了春秋季节，大楼还在不停地制冷，因为保温太好了，窗户又打不开，屋子里的热量排不出去，窗子的功能本应包括通风、采光，现在就只剩下一个采光的功能了！再比如，美国住宅家家户户洗衣都是用电烘干机烘干，而中国人都是太阳晒，单这一点，一家一年就差出 1000 度电。是为了环境美，人省事，花这一千度电呢，还是劳动省下这一千度电呢？现在已经有一些高档住宅项目，不设阳台，每家送洗衣烘干机，提供"高尚生活"。但是这一"高尚生活"几乎使全家用电量提高一倍！①

　　机动化能为城镇化"塑型"，我国机动化与城镇化同步发生（与美国一致），极有可能出现城市蔓延。美国在 100 年间的城市化进程中，城市人口空间密度下降了三倍之多，不仅大量耕地受到破坏，而且一个美国人因依赖私家车出行所耗的汽油比欧洲多出五倍。中国小汽车大量增加使"十一五"节能减排目标面临挑战，目前中国已跃升为世界第二位的能源消耗大国，原油消耗中 1/3 用于机动车，据预测到 2020 年，我国的交通能耗占能源消耗的比例将高达 16.3% 至 17.1%。交通节能领域，国家鼓励县级以上地方各级人民政府应当优先发展公共交通，加大对公共交通的投入，完善公共交通服务体系，鼓励利用公共交通工具出行；鼓励使用非机动交通工具出行。2009 年 3 月公布了汽车产业调整和振兴规划，推出了新能源汽车示范工程，对采购新能源汽车实行了优惠政策，加速了新能源汽车的产业化步伐。中国人固有的"面子"问题是在交通领域普及节能意识的最大障碍，许多人把开私家车甚至大排量车作为身份和地位的象征，拒绝乘坐城市日益便捷化的公共交通工具，这是中国城市化进程中能源浪费和交通拥堵的症结所在。SUV 的英语全称为 "Sports Utility Vehicle" 即 "运动型多功能车"，作为一种

---

① 江亿：《科学发展实现中国特色建筑节能》，《城市住宅》2009 年第 1 期。

体积大、讲求动力的车型，常常被人冠以"耗油车"的帽子，在提倡"低碳型"社会的潮流中，SUV 在国外销量持续下降，在中国市场却受到热捧，甚至在一些地区大多数 SUV 多作为政府公务车使用。

汽车尾气为大气污染的重要来源，目前全球对汽车减排要求逐渐严苛：欧盟要求到 2020 年所销售的 95% 的新车二氧化碳排放量不超过每公里 95 克，超出碳排放标准的车辆将受到每辆 95 欧元 / 克 / 公里（约合 18600 元 / 升 / 百公里）的罚金处罚。其他国家诸如美国、日本等也纷纷提高了排放标准，而我国要求到 2025 年，汽车耗油标准将从 6.9 升 / 百公里降至 4 升 / 百公里，年均降幅将达 5.0%。从 2012 年的《乘用车燃料消耗量第四阶段标准》到 2016 年的《节能与新能源汽车技术路线图》，节能减排要求越发严苛，技术路线越发明晰，相关政策正不断落地施行。

现在全国各地都在倡导"绿色出行"，就是采用对环境影响最小的出行方式，即节约能源、提高能效、减少污染、有益于健康、兼顾效率的出行方式。乘坐公共汽车、地铁等公共交通工具，合作乘车，环保驾车、文明驾车，或者步行、骑自行车，努力降低自己出行中的能耗和污染，这就是"绿色出行"。"绿色出行"最可贵之处是可以唤起民众的节能和环保意识。防止我国出现郊区化是城镇化后期的决策要点，安全畅通的绿色交通是确保"紧凑型"城镇的不二法门。

要将绿色发展理念融入交通运输发展的各方面和全过程，着力提升交通运输生态环境保护品质，突出理念创新、科技创新、管理创新和体制机制创新，有效发挥政府引导作用，充分发挥企业主体作用，加强公众绿色交通文化培育，加快建成绿色交通运输体系。

二、倡导公民形成"全民节能观念"

能源消费革命的核心在于节能观念的培育。中国许多民众开车首重"面子",在汽车消费方面追求豪华型、大排量,而社会长期没有重视公交事业的建设和推广,结果导致燃油耗费严重,甚至燃油稀缺。20 世纪 70 年代的石油危机之后,日本汽车厂家一直重视研究开发节能、环保型汽车,并相继推出了直喷发动机、混合动力轿车等节能环保车。随着国际石油价格暴涨,大部分日本、欧美消费者纷纷改换省油、对环境负荷小的环保型车辆。而中国尽管对于大排量汽车征收高额消费税,但是中国大排量汽车进口市场依然火爆,这暴露一部分国人富裕后的某种消费偏好和心理。

建筑领域亦存在同样的问题。目前,在国内建筑行业中实用、节能并没有成为主流趋势,而是正充斥着一股追求"新、奇、特、怪、洋"的设计风潮,强调现代感、通透感,崇尚奢侈设计,如大搞玻璃幕墙,导致大量热辐射进入室内,加上不通风,几乎一年四季都得开空调,能源浪费很大。总之,那些被民众戏称为"罩着玻璃罩子,套着钢铁膀子,空着建筑身子"大型建筑虽然给城市增添了美观,但却成了耗能的"巨无霸"。

在民众的日常生活中,节能意识也十分淡薄,浪费能源的现象随处可见。白天,室内能见度很好的宾馆,大厅里的多盏大吊灯依然开着;夜晚,号称城市"形象工程"的路边灯光彻夜不熄;夏季,商场里冷气大开,但前门同时大开,冷气都可以跑到几十米的远处;居民家中,电视机、VCD、空调等家用电器关机后仍处于待机状态,多数家庭从不把白天不用的家用电器插头拔掉;日常工作中,职员下班关闭电脑主机后不关显示器、不关打印机电源开关的现象十分普遍,事实上如果全国所有的办公电脑下班后都如此"关闭",每年浪费的电将在 12 亿度以上。由上述诸例可见,如果全体国民都具有较强的节能意识,则可以大大减少国家能源短缺所引发的各类突发事件。

在以解决温饱为中心的发展阶段,由于各种原因致使全民族的节能意识比较薄弱,节能问题并没有引起全社会的充分重视。当今中国社会已经跨入小康社会,公民节能意识作为文明社会的标志之一,它的培养将有利于整个社会的和谐发展。2001 年至 2005 年,城镇居民人均住房面积增长了 28.6%,家用电脑数量增长了 3.3 倍,家用汽车增长了 5.7 倍。农民家庭的彩电数量增长了 72%,电冰箱增长了 63%,洗衣机增长了 40%。2003 年至 2005 年,生活能源消费量较上年的增长幅度依次为 13.1%、7.3% 和 9.9%;生活污水排放量较上年的增长幅度依次为 6.5%、5.7% 和 7.7%;生活类化学需氧量较上年的增长幅度依次为 4.9%、1% 和 4.8%。[①]

在中国构建"低碳型"社会中,培养公民的节能意识是其核心举措。清华大学钱易院士指出:在系统最下游减少一个单位的产品消耗,就可以在系统上游减少数十倍甚至数百、数千倍的资源投入。如果不倡导全社会的节能,提高生产效率的效果会被消费数量的增加所抵消,如:汽车效率的改进会被汽车数量的增加所抵消;住房效率的改进会被住房的面积扩大所抵消;家电效率的改进会被家电数量的增加所抵消,当然控制数量的消费并不意味着降低消费的质量。[②]

中国多年采取多种形式大力宣传节约能源的重要意义,不断增强全民资源忧患意识和节约意识,倡导能源节约文化,努力形成健康、

---

① 《生活能源消费量逐年上升》,《人民日报》2007 年 5 月 21 日第 13 版。
② 引自钱易院士在 2009 年 12 月 19 日在清华大学关于"中国能源与环境危机"的演讲。

文明、节约的消费模式。把节约能源纳入基础教育、职业教育、高等教育和技术培训体系，利用新闻出版、广播影视等媒体，大力宣传和普及节能知识。同时，深入开展节能宣传周活动，动员社会各界广泛参与，努力建立全社会节能的长效机制。

节能意识导引下的全民节能对于中国的能源安全而言能够产生"乘数效应"，宏观经济学意义上的乘数效应是指在社会经济中增加一笔投资很可能引起国民收入成倍增加，而借用在节能领域则指个人节能意识的培养会给全社会带来能源消耗显著降低的经济效应和社会效应。如果在"十一五"期间实现单位国内生产总值能耗下降 20% 的节能目标，按经济增长 7.5% 测算，2010 年可以节约 6.2 亿吨标准煤；按 2005 年价格计算，这些节约量相当于多创造 6.3 万亿元的国内生产总值。[①]

其实每个人从生活的点滴做起，建立一种低碳生活方式，节约能源就大有可为。在日常消费中，中国人必须改变使用"一次性"用品的消费嗜好，据中国科技部《全民节能减排手册》计算，全国减少 10% 的塑料袋，可节省生产塑料袋的能耗约 1.2 万吨标煤，减排 31 万吨二氧化碳。

2007 年 6 月 3 日，国务院办公厅发布了《关于严格执行公共建筑空调温度控制标准的通知》，要求所有公共建筑内的单位，包括国家机关、社会团体、企事业组织和个体工商户，除医院等特殊单位以及在生产工艺上对温度有特定要求并经批准的用户之外，夏季室内空调温度设置不得低于 26℃，冬季室内空调温度设置不得高于 20℃。一般情况下，空调运行期间禁止开窗。应该看到给空调温度控制标准并非是

---

① 《算算节能账》，《人民日报》2007 年 5 月 21 日第 13 版。

强人所难，这项标准的执行效果主要看社会各界的理解程度，与每个人的节能意识紧密相连。据研究表明夏季空调温度过低并不会使人感到舒服反倒会让人患上关节炎等空调病。而且，控制空调温度这一举措节能效果非常显著，美国能源基金会北京代表处的杨富强博士就说：盛夏时，北京公建空调用电负荷约占全市最大供电负荷的40%。如果空调温度定在28℃，就可以降低峰值负荷10%，可见其节能作用之大。

2016年是"十三五"规划开局之年，国家、地方纷纷发布节能改造通知，全国公共照明节能改造加速。如国家发改委组织申报资源节约循环利用重点工程2016年中央预算内投资备选项目。其中，在节能领域，将重点申报重点用能单位能效综合提升工程、合同能源管理推进工程（以合同能源管理方式实施的节能改造项目）、余热暖民工程、道路、隧道照明节能改造绿色照明工程等。

其中家居照明的节能潜力也十分巨大，一直是一个城市或一个国家节能状况的一个风向标。美国的能源部门估计，单单使用高效节能灯泡代替传统电灯泡，就能避免四亿吨二氧化碳被释放。作为世界上最大的节能灯生产国，我国年生产节能灯为十多亿只，80%用于出口，在国内的销售量只有3亿只，而国内白炽灯的使用量却高达30亿只。全国政协委员李鸿曾算了这样一笔账：如果用10瓦的节能灯取代亮度相近的60瓦的白炽灯，以全国推广使用12亿只、每只节能灯每天工作4个小时计算，每年可节省一个三峡大坝全部发电机组全年的发电量。虽然节能灯的购买成本比白炽灯泡高，但要达到相同的亮度，白炽灯泡的耗电量却是节能灯的5倍以上。科技部、财政部于2008年年底启动"十城万盏"示范工作，计划到2010年在10—20个城市推广30万盏以上LED市政照明灯具。

近年来，共享单车作为共享经济的典型代表，在给全球民众出行带来巨大便利、缓解交通拥堵的同时，这股席卷全球绿色骑行风潮带来的节能减排效果也十分明显。2017年4月，中国首部《共享单车与城市发展白皮书》正式发布。白皮书采用摩拜单车大数据平台运营一年来的海量数据，并结合36个城市近10万份问卷调查，综合展现共享单车让自行车回归城市的过程中，对城市出行结构、城市环境、城市生活带来的改变。研究发现，共享单车进入城市不到一年时间里，成为小汽车、公交、地铁外的第四种重要交通工具。共享单车出现前，小汽车出行占总出行量29.8%，自行车占5.5%；共享单车出现后，小汽车占比总出行量降至26.6%，而自行车骑行的占比提升至11.6%。同时，共享单车对节能减排作出卓越贡献。例如，在不到一年时间里，全国摩拜用户累计骑行总距离超过25亿多公里，减少碳排放量54万吨，相当于减少17万辆小汽车一年的出行碳排放、多种3000万棵树、减少45亿微克 $PM_{2.5}$、节约4.6亿升汽油。另外，以共享单车的典型代表OFO小黄车为例，北京市每10万辆OFO小黄车1年可节约汽油3400吨，减少碳排放近万吨，当前，OFO已经进入全球超过20个国家250座城市，连接单车超1000万辆，这意味着小黄车一年就节约汽油34万吨，减少碳排放超百万吨。再加上市面上其他平台的共享单车，共享单车的节能效果十分显著。

随着全球对环保问题的重视，各国相继出台禁售燃油车政策，鼓励各个传统车企生产新能源车，而中国也不例外。2017年10月17日，工业和信息化部、财政部、商务部、海关总署、质检总局五部委在北京联合组织召开《乘用车企业平均燃料消耗量与新能源汽车积分并行管理办法》（以下简称"双积分办法"）的宣传贯彻会。

在这个"双积分办法"中规定，年产量超过 3 万辆的车企想要生产燃油车，就必须生产一定比例的新能源车，获得新能源积分，来抵消生产燃油车所产生的负积分，否则就不允许生产，合资车品牌也不例外。具体指标为：2019 年度、2020 年度，新能源汽车积分比例要求分别为 10%、12%。"双积分办法"还界定了到底什么才算是新能源电动车，只有 30 分钟最高车速不低于 100 公里 / 小时，续航不低于 100 公里的电动汽车才算新能源汽车。如此界定，就将老年代步车和低速电动车排除在外。此举无疑是为了防止各大车企钻政策空子，生产成本低廉的老年代步车和低速电动汽车，以糊弄监管部门获得新能源积分。最后还有一点就是新能源积分可以转让或者交易。如此一来，生产新能源电动汽车比重较高的比亚迪汽车将成为各大传统车企争夺积分的主要对象。

与欧美发达国家禁售令不同，中国采用温和的"双积分办法"，可以在潜移默化中用新能源汽车取代燃油车，有效缓解了直接禁售燃油车所带来的国民经济支柱产业——汽车产业的阵痛，以及有可能引发的经济增长下行压力。

三、建立合理有效的能源需求侧管理机制

倡导全民节能的进程中，合同能源管理属于新呈现的亮点。所谓合同能源管理，是一种以节省的能源费用来支付节能项目全部成本的节能投资方式。节能项目由节能公司组织实施，节能公司以分享项目实施后产生的节能效益来获得利润，收回投资。在实际操作中，合同能源管理主要有两种类型：一种叫"节能效益分享型"，即由节能公司投入全部或者由客户和节能公司各承担部分节能项目资金，合同期内节

能公司与客户按约定的比例共同分享节能效益，合同期结束后设备和节能效益全部归客户所有。另一种叫"节能量保证型"，由客户承担全部节能项目资金，由节能公司实施节能项目，以保证达到合同所规定的节能量，并承担未达到预期节能量对客户造成的经济损失，客户拥有节能设备和全部的节能效益。2002 年，上海在全国率先成立了合同能源管理指导委员会，大力引进合同能源管理模式，至今已累计综合节能 300 多万吨标准煤。2010 年《关于加快推行合同能源管理促进节能服务产业发展意见的通知》（下称《通知》）出台，其中提到了税收优惠政策，提出解决融资问题，提出将扶持培育一批专业化节能服务公司，发展壮大一批综合性大型节能服务公司。该《通知》的及时出台为我国合同能源管理的实质性发展奠定了坚实的政策基础，从宏观调控层面为节能服务产业确立了明确的发展方向和充足的发展动力。

发展智慧能源互联网。电力系统向可再生能源的适应性变革，是能源体系低碳转型的重点。在这一过程中，要与信息技术、数字技术深度融合，同时要把横向的多能互补和纵向的源、网、储等结合起来，发展智慧能源互联网。《关于推进"互联网 +"智慧能源发展的指导意见》系能源领域拥抱"互联网 +"的切实之举。当下，互联网理念、先进信息技术与能源产业深度融合，正在推动能源互联网新技术、新模式和新业态的兴起，能源领域搭乘"互联网 +"快车是推动我国能源革命的重要战略支撑，亦是我国实现从能源大国向能源强国转变的关键路径。

20 世纪 90 代初，电力需求侧管理（Demand Side Management，DSM）作为国际上倡导和推行的一种先进的能源应急管理技术和规划方法被介绍到中国。现实生产和生活中，由于电力用户的用电性质不同，各类用户最大负荷出现的时间也不相同。因此，当用电负荷增加时，电力系统的出力也随之增加；而当用电负荷减少时，电力系统的出力也随之减少。如果各种用户最大负荷出现的时间过分集中，电力系统就得有足够的出力来满足用户需要，否则电力系统的出力和负荷就不能平衡，出现供小于求的状况，造成拉闸限电。而当用电高峰时段一过，电力供大于求，又会造成发电机组设备的压机运行或停机。这样，一方面浪费了大量的电力投资，增加了发、供电成本；另一方面发电机组频繁启停或压负荷运行造成能源和电力资源的浪费，并对电网的安全稳定运行带来威胁。在这种情况下，电力需求侧管理应运而生。

电力需求侧管理作为一种应急手段而言推行用电负荷错峰、避峰管理，可以有效地转移高峰负荷，特别是缓解电网峰谷差矛盾，从而优化电网运行方式，提高电网运行的经济性。电力需求侧管理包括行政手段、经济手段、技术手段。行政手段主要是调整电力客户的生产班次、错开上下班时间、调整周休息日以及将用电设备检修安排在用电高峰季节或高峰时段。经济手段主要通过峰谷分时电价、季节性电价和避峰电价直接激励电力客户控制和调整负荷需求。技术手段是指采用可以实现移峰填谷、明显提高电能利用效率的生产工艺、材料和设备，以及启动负荷管理系统的控制功能在负荷高峰时段实施可中断用电和短时限电。

电力需求侧管理是能源应急管理创新的重要实践。近年来，中国电力装机容量快速增长。据统计，全国电力装机从 2002 年年底的 3.57 亿千瓦增加到 2008 年年底的 7.92 亿千瓦，年均投产装机超过 7000 万千瓦，创造了中国乃至世界电力建设史上的新纪录。2009 年 1 月至 7 月，全国又投产装机 3552 万千瓦，以拉西瓦水电站 6 号机组投产为标志，我国电力装机突破了 8 亿千瓦。中国电网规模超过美国，跃居世界第一位，电网线路损失率从 2002 年年底的 7.52% 下降到今年 1 月至 7 月份的 6.44%。[①]

在各国工业化进程中，各国的电能在终端能源消费[②]中的比重都在不断攀升。中国目前的电能消费已远远高于发达国家在其工业化中期阶段的电能比重，并将继续上升，2005 年的电能比重约 16.97%，2006 年增至 17.85%，已超过 2005 年德国和意大利的水平，接近英国 18.30% 的水平。[③]由于城乡广大民众基本的能源消费形式表现为电力，因此季节性用电高峰或灾害性天气造成的拉闸限电、停电事故对于社会事业和公共安全影响极大，所以电力领域在国家能源应急管理中处于优先考虑的位置。

2003 年，我国电力缺口为 1300 万千瓦左右，电量缺额为 400 亿千瓦时左右。针对这种情况，各地积极开展电力需求侧管理，大约弥补了 900 万千瓦左右的负荷缺口，对缓解电力供需矛盾发挥了重要作用。据专家预测，我国通过加强电力需求侧管理，到 2020 年，可以供 8 亿千瓦的装机支撑同样的国民经济和社会发展速度，并能够节约投资 8000 亿元到 10000 亿元。同时，通过加强电力需求侧管理，缩小电网峰谷差，提高电网负荷率，发电侧避免了频繁调整发电出力，能够减少煤、油和水等自然资源的消耗，也同样促进了电力与资源、环境的协调发展。通过电力需求侧管理缓解电力供应紧张的压力，这是中国能源应急管

---

① 《全国电力工作会议：我国电力装机容量突破 8 亿千瓦》，来源：新华社，见 http://www. gov.cn/jrzg/2009–08/16/content_1393574.htm。

② 终端能源消费是指能源消费总量在扣除了加工转换二次能源的损失量和储运环节能源的损失量以后的数量。电能占终端能源消费的比重是衡量终端能源消费结构和国家电气化水平的重要标志。

③ 张斌：《从 OECD 国家发展历程看我国 2020 年能源电力消费》，《电力技术经济》2009 年第 1 期。

理制度化建设的有益尝试，但是真正贯彻落实需要全社会的大力理解和积极配合。

2004年8月，国家电网公司颁布的《关于加强电力需求侧管理的实施办法》指出，在安排和落实用电负荷的错峰、避峰方案时，要按"先错峰、后避峰、再限电、最后拉闸"的原则，实现错峰、避峰负荷"定企业、定设备、定容量、定时间"，保证电网安全运行，确保重要负荷和人民生活用电的需要。建立电力供需形势预警报告制度，当用电负荷超出电网供电能力时，通过新闻媒体发出预警信号，号召广大用户（包括居民用户）主动关停部分用电负荷，参与短时避峰。

2017年年底，国家发展改革委、工信部、财政部、住建部、国资委、能源局联合修订《电力需求侧管理办法》，推动电力需求侧管理工作迈上新台阶，是贯彻落实供给侧结构性改革有关工作部署、助推供给侧结构性改革工作不断深入和实化的重要体现。截至2016年年底，全国电力装机容量已达16.5亿千瓦，供大于求形势越发明显，加之可再生能源消纳矛盾突出，电力需求侧管理的工作重心需从保障供需平衡向多元化目标转变，工作方向从以"减法"为主向"减法加法相结合"为主转变。这也是完成当前工作任务的现实需要，与原办法相比，《电力需求侧管理办法》（修订稿）增加了"环保用电"一章，主要就是发挥电能清洁环保、安全便捷等优势，在需求侧实施电能替代燃煤、燃油、薪柴等，促进能源消费结构优化和清洁化发展。此外，修订稿中专门设了"智能用电"一章，通过信息、通信技术与用电技术的融合，推动用电的技术进步、效率提升和组织变革，创新用电管理模式，培育电能服务新业态，提升电力需求侧管理智能化水平，进而提升企业的运行管理水平。

第四章　气候变化与中国能源安全

　　党的十九大报告提出："要坚持环境友好，合作应对气候变化，保护好人类赖以生存的地球家园。"[①] 人类的发展历史，能源与气候问题紧密相关，人类工业化与城镇化大量的消耗化石能源，引发了全球气温升高的问题，随即会引发包括海平面上升的一系列灾难性后果；21世纪末要将全球气温升高控制在2度的目标，为此2050年的时候，全球温室气体排放量在当前基础上减少70%，而2016年全球能源消费130万亿吨，煤炭、石油、天然气仍然占到能源消费总量的85%。应对气候变化是人类重大的命题，为此全球能源革命势在必行，中国责无旁贷。

第一节　全球能源——气候问题的演变历程

　　在日益发展的国际政治舞台上，由于气候问题的全球性，这一问题已悄然上升为了重大的国家暨国际安全问题，从而由一般性政治、经济、科学问题上升至战略安全层，有的研究甚至将气候博弈与太空

[①]《党的十九大报告辅导读本》，人民出版社2017年版，第58页。

竞赛相提并论。

一、气候变暖问题成为全球瞩目的焦点

根据《联合国气候变化框架公约》中的定义，气候变化是指"经过相当一段时间的观察，在自然气候变化之外由人类活动直接或间接地改变全球大气组成所导致的气候改变"[①]。目前的全球气候变暖表现在地球大气和海洋温度的升高，这是由人为因素造成的。而任由这种情况发生下去，将有可能对全球生态系统和人类健康等产生巨大的不利影响。

2005年2月，"避免气候恶化国际会议"在英格兰西南部城市埃克塞特召开，德国研究气候变暖领域最著名的研究小组、波茨坦大学"气候影响"研究小组的成员比尔·哈里公布了一份全球变暖可能引发灾难的详细时间表，这份时间表首次总结了在未来100年内全球温度上升预计对生态系统、野生植物、粮食生产、水资源和世界各地经济所造成的负面影响。[②]根据这份时间表，在未来的25年，气温将比1750年前高出1摄氏度，届时，所引发的生态系统灾难将初现"狰狞面目"。到21世纪中叶，世界温度预计将比前工业化阶段的温度高2摄氏度。这时全球变暖的负面效应开始变得非常明显。如果全球平均气温上升2摄氏度，会让生态系统遭到"可怕的打击"。比尔·哈里说，气温上升如果低于1摄氏度，破坏力会普遍比较低，如果高于1摄氏度，破坏力就会急剧上升，那些脆弱的生态系统尤其无法承受，譬如，

---

① 定义引用自联合国气候变化框架公约官网发布的文件，见 https://unfccc.int/resource/docs/convkp/conveng.pdf.

② 数据引用自 https://www.independent.co.uk/news/global-warming-scientists-reveal-timetable-1528435.html.

南印度洋的珊瑚礁、澳大利亚的高地森林、南非的台地高原、北冰洋和中欧的山脉的生态系统就会遭到严重破坏,灭绝物种的数量会急剧上升。报告已经预测,全球气温可能在 2026—2060 年之间突破上升 2 摄氏度的"安全底线";全球气温的增幅也不同,北纬 60 度的增幅可能高达 3.2—6.6 摄氏度。

当全球平均气温比工业革命前即 1750 年时升高 2℃后,引发灾难的临界点就会出现。事实上,全球平均气温至今已升高 0.8℃。造成这一现象的"罪魁祸首"被认为主要是二氧化碳排放量的不断增加。报告提供的数据显示,当全球气温升高 2 摄氏度之后,大气中的二氧化碳浓度是 400ppm(ppm 为百万分之一),目前的二氧化碳浓度是 379ppm。而达到 400ppm 的水平只需要短短的几年时间。由于变暖趋势一直没有停止的迹象,目前人类距离地球生态灾难发生的危险临界点只有 1.2 摄氏度。当前,随着煤炭和石油等高碳能源广泛使用,全球气候变暖问题日益突出,国际社会呼吁在现有工业社会产能的基础上进行全方位节能减排,特别是千方百计地减少二氧化碳的排放以阻止全球气候变暖的步伐。

《巴黎协定》确立了全球控制温升 2℃以内并努力争取 1.5℃的目标,全球温室气体排放到 2030 年需从 2010 年 500 亿吨二氧化碳当量下降到 400 亿吨,并到 21 世纪下半叶实现净零排放。对能源体系而言,尽管全球变革趋势加速,2016—2030 年未来 15 年与 2000—2015 年前 15 年相比,GDP 的二氧化碳排放强度年下降率将加倍,二氧化碳排放增长率也将由 2% 以上下降为 1% 以下,但到 2030 年全球二氧化碳排放总量仍将比 2010 年增长约 20%,与实现全球控制温升 2℃目标存在巨大减排缺口。全球应对气候变化的紧迫目标和形势,将倒逼更大力度的能源变革。① 根据国际能源署（IEA）近期公布的数据，2016 年全球与能源有关的二氧化碳排放量为 321 亿吨。

2018 年 4 月 3 日，中国气象局在北京发布《中国气候变化蓝皮书》（下称《蓝皮书》），其中提到，气候系统的综合观测和多项关键指标表明，全球变暖趋势仍在持续。根据《蓝皮书》，2017 年全球表面平均温度比 1981—2010 年平均值（14.3℃）高出 0.46℃，比工业化前水平（1850—1900 年平均值）高出约 1.1℃，为有完整气象观测记录以来的第二暖年份，也是有完整气象观测记录以来最暖的非厄尔尼诺年份。2017 年，亚洲陆地表面平均气温比常年值（1981—2010 年平均值）偏高 0.74℃，是 1901 年以来的第三暖年份。中国气象局国家气候中心副主任、研究员巢清尘在发布《蓝皮书》时表示，我国是全球气候变化的敏感区和影响显著区。她说，1901—2017 年，我国地表年平均气温呈显著上升趋势，近 20 年是 20 世纪初以来的最暖时期。根据《蓝皮书》，1951—2017 年，我国地表年平均气温平均每 10 年升高 0.24℃，升温率高于同期全球平均水平。此外，区域间差异明显，北方增温速率明显大于南方地区，西部地区大于东部地区，其中青藏地区增温速率最大。2017 年，我国属异常偏暖年份，地表年平均气温接近 20 世纪初以来的最高值。②

二、国际社会携手应对全球气候变暖问题

1985 年 10 月，气候问题奥地利维拉赫会议召开，标志着全球气候

① 《实施能源革命战略　促进绿色低碳发展——清华大学原常务副校长　国家气候变化专家委员会副主任　何建坤》，见 http://www.ndrc.gov.cn/zcfb/jd/201705/t20170512_847254.html。
② 《〈中国气候变化蓝皮书〉发布全球仍将持续变暖》，见 http://news.cyol.com/yuanchuang/2018-04/03/content_17071921.htm。

变化问题的政治化进程开始。为了使 21 世纪的地球免受气候变暖的威胁，1992 年 5 月 22 日，联合国政府间谈判委员会就气候变化问题达成了《联合国气候变化框架公约》（UNFCCC），并于同年 6 月 4 日在巴西里约热内卢举行的联合国环发大会（地球首脑会议）上通过。《联合国气候变化框架公约》是世界上第一个为全面控制二氧化碳等温室气体排放，以应对全球气候变暖给人类经济和社会带来不利影响的国际公约，也是国际社会在应对全球气候变化问题上进行国际合作的一个基本框架。这是一个有法律约束力的公约，旨在控制大气中二氧化碳、甲烷和其他造成"温室效应"的气体的排放，将温室气体的浓度稳定在使气候系统免遭破坏的水平上。

在应对全球气候变化的行动中，《京都议定书》是应对全球气候变暖的核心文件。1997 年 12 月，149 个国家和地区的代表在日本东京召开《联合国气候变化框架公约》缔约方第三次会议，经过紧张而艰难的谈判，会议通过了旨在限制发达国家温室气体排放量以抑制全球变暖的《京都议定书》。《京都议定书》规定，到 2010 年，所有发达国家排放的二氧化碳等 6 种温室气体的数量，要比 1990 年减少 5.2%，发展中国家没有减排义务。[①] 对各发达国家来说，从 2008 年到 2012 年必须完成的削减目标是：与 1990 年相比，欧盟削减 8%、美国削减 7%、日本削减 6%、加拿大削减 6%、东欧各国削减 5%—8%。新西兰、俄罗斯和乌克兰则不必削减，可将排放量稳定在 1990 年水平上。《京都议定书》需要在占全球温室气体排放量 55% 的至少 55 个国家批准之后才具有国际法效力。2003 年 3 月，欧盟环境部长会议批准了《京都议定

---

① 内容见官网文件 https://unfccc.int/sites/default/files/kpchinese.pdf。

书》。6月，日本政府也批准了《京都议定书》。至此，批准议定书的国家已超过55个，但批准国家的温室气体排放量仅为全球温室气体排放总量的36%。2001年美国政府决定放弃实施《京都议定书》（下称《议定书》）所规定的义务，认为议定书中不符合美国的国家利益，消息传出立即引起国际社会的众怒。[①]

2007年12月初，联合国气候变化大会在印度尼西亚巴厘岛举行。经过持续十多天的马拉松式谈判，终于通过名为"巴厘岛路线图"的决议。"巴厘岛路线图"与会各方同意依照"共同但有区别的责任"原则，考虑社会、经济条件以及其他相关因素，长期合作，共同行动，行动包括一个关于减排温室气体的全球长期目标，以实现《联合国气候变化框架公约》的最终目标，其中的亮点在于把美国纳入进来。"巴厘岛路线图"明确规定，《公约》的所有发达国家缔约方都要履行可测量、可报告、可核实的温室气体减排责任。[②]

2008年7月，正在中国访问的联合国秘书长潘基文在外交学院发表演讲时呼吁各国共同努力，应对全球面临的粮食和燃料价格上涨、气候变化和实现千年发展目标等三大挑战。2009年12月19日，联合国气候变化大会在丹麦首都哥本哈根达成不具法律约束力的《哥本哈根协议》后闭幕。《哥本哈根协议》维护了《联合国气候变化框架公约》及其《京都议定书》确立的"共同但有区别的责任"原则，就发达国家实行强制减排和发展中国家采取自主减缓行动作出了安排，并就全球长期目标、资金和技术支持、透明度等焦点问题达成广泛共识。但

---

① 引用自BBC报道：http://news.bbc.co.uk/2/hi/americas/1248757.stm。

② 内容见 https://unfccc.int/process/conferences/pastconferences/bali-climate-change-conference-december-2007/statements-and-resources/Bali-Road-Map-Documents。

是哥本哈根谈判进程几经波折，进展异常艰难，结果不尽如人意，其原因在于广大发展中国家在应对气候变化方面亟须发达国家给予资金和技术上的援助，而发达国家"口惠而实不至"以及企图为发展中国家设置绝对量化减排目标，这些做法大大激化了南北两大阵营的矛盾。国际评论指出，哥本哈根大会在某种程度上也是一个起点，表明国际社会对气候变化问题的高度重视及加强合作、共迎挑战的强烈政治意愿，而这对于最后的成功是不可或缺的。

2011 年 11 月 28 日至 12 月 11 日，联合国气候变化大会在南非德班召开，各国代表经过数十小时最后"加时冲刺"，四份决议艰难降生，主要包括欧盟履行《京都议定书》第二阶段要做的定量减排目标承诺、全球从 2012 年开启 2020 年后对所有缔约国都有法律约束力的减排谈判及在 2015 年达成新协议以及批准成立"绿色气候基金"、要求到 2020 年发达国家要向发展中国家提供 1000 亿美元的资金以帮助后者适应气候变化。其中"绿色气候基金"是德班气候大会核心议题，德班谈判结束后决定实施《京都议定书》第二承诺期并启动绿色气候基金。

2012 年 11 月，在卡塔尔多哈召开了《联合国气候变化框架公约》第 18 次缔约方会议暨《京都议定书》第 8 次缔约方会议，取得的最大成果是最终就 2013 年起执行《京都议定书》为期 8 年的第二承诺期达成了一致。

2012 年联合国气候变化谈判开启了德班平台进程，其焦点之一是确立 2020 年以后的减排机制和模式，这直接关系到在全球气候公共财富治理背景下对全球和各国 2020 年后的发展前景作出国际政治安排。当前，发达国家普遍要求发展中排放大国与其承担相同法律性质的、受相同规则约束的减排责任。在新的国际气候体制中，在要求发达国家起好示范带头作用的同时，可能要求新兴经济体要承担更多责任，其他国家责任也将上升。

2014 年 9 月 23 日，中国国家主席习近平特使、国务院副总理张高丽在纽约联合国总部出席联合国气候峰会，在峰会全会上发表题为《凝聚共识落实行动构建合作共赢的全球气候治理体系》的讲话。他表示中国坚定支持 2015 年巴黎会议如期达成协议并提出三点倡议：

一要坚持公约框架，遵循公约原则。2015 年协议的谈判进程和最终结果必须坚持"共同但有区别的责任"原则、公平原则和各自能力原则，加强公约规定和承诺的全面、有效和持续实施。

二要兑现各自承诺，巩固互信基础。各方要落实已达成的共识，特别是发达国家要提高减排力度，落实到 2020 年每年向发展中国家提供 1000 亿美元资金支持和技术转让的承诺。

三要强化未来行动，提高应对能力。无论发达国家还是发展中国家，都需要走符合本国国情的绿色低碳发展道路，从实际出发研究提出 2020 年后的行动目标，采取更加有力的应对措施，切实加强务实合作，为应对气候变化作出新的努力和贡献。[①]

2014 年 12 月 14 日，联合国气候变化框架公约第二十次缔约方会议及《京都议定书》第十次缔约方会议在秘鲁利马落下帷幕。会议达成了关于继续推动德班平台谈判的决定，进一步明确并强化 2015 年协议在公约下，遵循"共同但有区别的责任"原则的基本政治共识，初步明确了各方 2020 年后应对气候变化国家自主贡献所涉及的信息。

2015 年 11 月 30 日，中国国家主席习近平在巴黎出席气候变化巴

---

① 《张高丽出席联合国气候峰会发表讲话　构建合作共赢全球气候治理体系》，《人民日报》（海外版）2014 年 9 月 25 日。

黎大会开幕式并发表题为《携手构建合作共赢、公平合理的气候变化治理机制》的重要讲话,他指出:作为全球治理的一个重要领域,应对气候变化的全球努力是一面镜子,给我们思考和探索未来全球治理模式、推动建设人类命运共同体带来宝贵启示。巴黎协议应该有利于实现公约目标,引领绿色发展。协议应该遵循公约原则和规定,推进公约全面有效实施。既要有效控制大气温室气体浓度上升,又要建立利益导向和激励机制,推动各国走向绿色循环低碳发展,实现经济发展和应对气候变化双赢。巴黎协议应该有利于凝聚全球力量,鼓励广泛参与。协议应该在制度安排上促使各国同舟共济、共同努力。除各国政府,还应该调动企业、非政府组织等全社会资源参与国际合作进程,提高公众意识,形成合力。巴黎协议应该有利于加大投入,强化行动保障。获取资金技术支持、提高应对能力是发展中国家实施应对气候变化行动的前提。发达国家应该落实到 2020 年每年动员 1000 亿美元的承诺,2020 年后向发展中国家提供更加强而有力的资金支持。此外,还应该向发展中国家转让气候友好型技术,帮助其发展绿色经济。①

《巴黎协定》是 2015 年 12 月 12 日在巴黎气候变化大会上通过、2016 年 4 月 22 日在纽约签署的气候变化协定,该协定为 2020 年后全球应对气候变化行动作出安排。《巴黎协定》主要目标是将 21 世纪全球平均气温上升幅度控制在 2 摄氏度以内,并将全球气温上升控制在前工业化时期水平之上 1.5 摄氏度以内。中国全国人大常委会于 2016 年 9 月 3 日批准中国加入《巴黎气候变化协定》,使中国成为第 23 个完成批准协定的缔约方。

---

① 《习近平在气候变化巴黎大会开幕式上的讲话(全文)》,见 http://www.xinhuanet.com/world/2015-12/01/c_1117309642.htm。

第二节　低碳化是中国能源安全战略的必然选择

为了应对全球气候变暖，低碳经济是全球经济的发展方向，因此中国能源科技发展的重点必须把握这个制高点。中国不再走高消费、高消耗、高污染、高排放的"黑色模式"，从"黑猫"模式过渡到"绿猫"模式；中国要发展低碳经济，不仅是"和平发展"，也是"绿色发展"。[①]

一、"高碳能源"仍居于中国能源结构中的主体地位

全球各国包括当今世界上最发达的国家——美国都对于高碳经济形成了"路径依赖"，这是几个世纪以来工业化的"后遗症"。影响世界各国能源消费结构变化的因素：一是取决于经济发展与生产力发展水平；二是能源资源条件。如20世纪50年代中期，美国成为世界第一个以石油为首位能源的国家。世界第二经济大国日本能源贫乏，一直到60年代中期才实现从煤炭到石油的转换。

虽然中国已基本形成以煤炭为主、多种能源互补的能源结构，但是"富煤、少气、缺油"的资源条件，决定了中国能源结构仍然以煤为主，一次能源生产和消费的接近70%也仍然为煤炭，可供选择的低碳能源十分有限。2008年6月10日，中国环境与发展国际合作委员会和世界自然基金会共同发布了中国生态足迹报告。报告指出，自20世纪60年代以来，中国的人均生态足迹持续增长了约两倍。作为一个国家，中国消耗了全球生物承载力的15%，尽管生物承载力不断增加，

---

① 相关观点见胡鞍钢：《"绿猫"模式的新内涵——低碳经济》，《世界环境》2008年第2期。

中国的需求仍是其自身生态系统可持续供应能力的 2 倍多。

　　中国还是一个各方面经济发展尚不平衡的发展中国家，一方面要面对推进低碳经济的紧迫形势，另一方面则是依赖高碳能源的无奈现状，中国低碳产业也因此陷入"尴尬"处境。作为发展中国家，中国经济由"高碳"向"低碳"转变的最大制约，是整体科技水平落后，技术研发能力有限。尽管《联合国气候变化框架公约》规定，发达国家有义务向发展中国家提供技术转让，但实际情况与之相去甚远，中国不得不主要依靠商业渠道引进。据估计，以 2006 年的 GDP 计算，中国由高碳经济向低碳经济转变，年需资金 250 亿美元。这样一个巨额投入，显然是尚不富裕的发展中的中国的沉重负担。[①]

　　2008 年 11 月 5 日，中国环境文化促进会和中国发展战略学研究会社会战略专业委员会在北京举办《中国碳平衡交易框架研究》研讨会，并发布《中国碳平衡交易框架研究》报告，首次提出以"碳"这一可定量分析要素作为硬性指标，对经济活动加以监测、识别和调控，建议在中国以省级为单位推行"碳源—碳汇"交易制度。时任环保部副部长、中国环境文化促进会会长潘岳在发言中说，在全球应对气候变化形势的推动下，世界范围内正在经历一场经济和社会发展方式的巨大变革：发展低碳能源技术，建立低碳经济发展模式和低碳社会消费模式，这是协调经济发展和保护气候之间关系的基本途径。这也是世界主要国家应对气候变化的战略重点所在。从国际来讲，"碳排放"将成为今后重要的国际战略资源。过去大家争夺的是土地、石油、煤炭、矿产等，将来就会争夺碳排放权。而现在中国在国际产业分工体系中位于产业

---

　　① 《中国，回避不了低碳经济的挑战》，见 http://news.xinhuanet.com/comments/2008-06/10/content_8316753.htm。

链低端，资源和能源密集型产品出口占较大比例，导致中国能源消耗占世界总量的四分之一，二氧化碳排放占世界总量的五分之一，中国碳排放权在全球的占比将攸关中国本土战略产业未来的发展空间。

三十多年来，中国经济快速增长，成就显著。同时，粗放的发展方式造就了复合型、压缩型和结构型的环境污染问题，以二氧化碳为主的温室气体排放迅速增加，中国的人均二氧化碳年排放（6吨/人·年）已逼近欧、日等发达国家和地区的水平。中国一些较发达地区的人均二氧化碳排放已达10吨/人·年以上，超过了欧、日历史上人均年排放的峰值，而且还在增长中。

显然，高碳发展不是通向现代化的必由之路。认清国情，我国尤其需要低碳发展。第一，人口众多，人均资源短缺，是一个基本国情，我们没有粗放发展的资本和理由。第二，环境容量有限，是另一个基本国情，我国东部的单位国土面积上消耗的煤炭是全世界平均值的12倍，我国东部的环境负荷是全球平均值的数倍。第三，我国的能源结构中，煤炭的比例显著高于世界平均水平。数据表明：我国空气的PM2.5构成中，源于煤炭和石油燃烧的粒子占了一大半，而我国的二氧化碳排放中，煤炭和石油燃烧排放也占了一大半，说明绿色和低碳有很强的协同性，工作方向上有高度的一致性。第四，我国生态环境的自然禀赋比较脆弱，极易受到气候变化的不利影响，我国更需要重视"在保护中发展"。[①]

煤炭是典型的高碳能源。据中电联数据测定，火电行业二氧化碳排放约35.6亿吨，占全国二氧化碳排放量的35%。根据国际能源署2017年发布的数据，全球碳排放总量已出现了持续3年的"零增长"，而中

---

① 《杜祥琬院士：高碳发展不是必由之路》，见http://tech.ce.cn/news/201507/28/t201507286061 693.shtml。

国煤炭用量的减少，是这 3 年全球碳排放变缓的主要原因。在《巴黎协定》达成后，中国政府积极致力于削减碳排放，但煤化工行业的相关数据却显示出，如果在中国"十三五"规划实施期间，煤化工项目的增长未得到控制很有可能会导致碳排放量的持续增加。为了评估中国煤化工行业在"十三五"期间的发展潜力，并对行业可能造成的碳排放当量进行估算，近日国际环保组织绿色和平发布了《中国煤化工行业"十三五"期间碳排放量估算研究》（以下简称《研究》）。研究梳理了中国目前所有投产、在建、拟建的煤化工项目及其产能数据，以2015 年为研究水平年，按照煤化工发展的三种情景预测了 2020 年中国煤化工行业将贡献的碳排放量。研究指出，过去十余年来煤化工的盲目发展已经造成该行业的产能过剩，但在政府开始整顿煤化工无序现象至今，部分"十三五"规划范围外项目仍在推进，处于在建或者即将投产的状态，且当前这些项目的总产能远大于"十三五"及相关规划中的产能。根据估算结果，中国煤化工行业在 2020 贡献的碳排放量将达到 4.09 亿吨 / 年，这一数值比 2015 年中国煤化工碳排放总量 9000万吨增长了近 4 倍。[1]

根据英国风险评估公司 Maplecroft 公布的温室气体排放量数据显示，中国每年向大气中排放的二氧化碳超过 60 亿吨，位居世界各国之首，中国政府在温室气体减排方面面临前所未有的国际压力。正如习近平主席反复强调的，在气候变化问题上，不是别人要我们做，而是我们自己要做。[2]

---

[1]　白雪：《报告："十三五"中国应停止审批极高碳排放煤化工项目》，来源：《中国经济导报》，见 http://www.ceh.com.cn/epaper/uniflows/html/2017/05/26/B06/B06_45.htm。

[2]　傅铸：《迈向应对气候变化新征程》，《光明日报》2016 年 4 月 24 日第 5 版。

二、低碳技术已经成为各国低碳能源安全的支撑点

发展低碳经济必须要控制碳排放，这无疑对以制造业为主的新兴国家的经济发展带来一定的制约，在某种程度上减缓他们追赶发达国家的速度。中国也面临着同样的问题。

通过技术创新开发清洁能源普遍成为发达国家发展低碳经济的最直接方式。低碳技术包括煤炭的清洁高效利用、油气资源和煤层气的勘探开发、可再生能源及新能源、二氧化碳捕获与埋存等领域开发的有效控制温室气体排放的新技术，它涉及电力、交通、建筑、冶金、化工、石化、汽车等部门。[①] 其中二氧化碳捕获与埋存是一项全新的技术，哥伦比亚科学家发明了二氧化碳"空中捕捉"技术，可以在最佳地点吸收二氧化碳，并将其储存起来。冰岛和其他一些地方的科学家正在试图将二氧化碳注入玄武岩中，使其生成石灰石。

目前，科技实力全球第一的美国已经把综合国力的提升聚焦在通过科技创新发展低碳经济上来。2008 年，据英国《卫报》报道，美国新当选总统奥巴马试图向世界作出保证，他将大幅改变布什政府的环境政策，此前奥巴马一再表示全球经济危机是他最优先考虑的问题，但是他的重要幕僚之一约翰·珀德斯塔（John Podesta）则指出环境问题将是奥巴马政府的最重要工作，他说："我预计，奥巴马将迅速并急剧地转移到转变能源结构的问题上，使美国社会从高碳排放能源型转向低碳能源。"2009 年年初，奥巴马上台后，一改布什政府的能源政策，表示将在未来 10 年投入 1500 亿美元资助替代能源的研究，以减少 50

[①] 《低碳技术　市场广阔》，《科技与出版》2008 年第 7 期。

亿吨二氧化碳的排放。他还承诺要通过新的立法，使美国温室气体排放量到 2050 年之前比 1990 年减少 80%，并拿抵税额度来鼓励消费者购买节能型汽车。[①] 此外，美国制订了一个宏伟的太阳能发展计划，到 2050 年，太阳能将为该国提供近 70% 的电力和 35% 的能源需求。

英国对于低碳经济一直关注较早，英国政府于 2007 年 6 月公布了《气候变化法案》草案。该法案明确承诺：到 2020 年，削减 26%—32% 的温室气体排放；到 2050 年，温室气体排放量降低 60%。按英国政府的计划，到 2020 年可再生能源在能源供应中要占 15% 的份额，其中 40% 的电力来自绿色能源领域，这包括对依赖煤炭的火电站进行"绿色改造"，但更重要的是发展风电等绿色能源。

为了保持并扩大在新兴能源领域的技术优势，德国联邦政府决定，继在 2006 年至 2009 年的"高科技战略规划"中投入 20 亿欧元后，再追加 20 亿欧元，用于支持和奖励企业在新兴能源领域的创新计划。德国风能发电设备 2005 年的出口收入已达约 60 亿欧元，占全球风力发电设备交易额的一半左右。

日本在光伏发电技术领域居世界领先，是全球最大的光伏设备出口国，仅夏普公司的光伏发电设备就占世界的 1/3。日本经济产业省则于 2007 年提出一项新计划，在 2007 年之后的 5 年内投入 2090 亿日元，用于发展清洁汽车技术，以降低燃料消耗，同时减少温室气体排放。

巴西发展低碳经济突出体现在生物柴油领域，巴西政府认为从长远的角度考虑，燃料乙醇作为低碳经济的重要发展方向，要成为一个可持续发展的市场化的产业，必须依靠技术创新和技术进步。通过不

---

① 《奥巴马：要让新能源产业带动美国经济复苏》，2009 年 7 月 12 日，资料来源：《中国青年报》，见 http://www.chinanews.com.cn/gj/news/2009/07-12/1771375.shtml。

断的技术进步，积累经验，降低生产成本，提高生产效率，巴西的燃料乙醇工业已经完全市场化，并在国际出口市场上具有竞争力。美国通过技术创新，玉米的单位产量和玉米到乙醇的转换率也已得到了显著提升，极大地降低了成本。

丹麦通过大力发展风电，不仅调整了能源结构、确保了国家能源安全，而且形成了具有国际竞争力的风电产业。丹麦能源局的一项调查显示，丹麦2008年风电产量比上一年增长了近22%，今年依然呈增长势头。全球最大的风电企业——丹麦维斯塔斯风力系统集团公司在全球开展风电业务已达25年，是全球领先的风机制造商。

2015年，全球20大经济体的非水电可再生能源电力比例达到8%，传统工业国家走在了前列，英国、意大利和法国的非水电可再生能源电力占比超过19%，德国的目标和成就令全世界瞩目，是占比最高的国家，达到36%。按照规划，已宣布弃核的德国将在2050年实现能源供应全部来自于可再生能源，同时将二氧化碳排放减少80%。

低碳经济的技术基础是绿色能源和环保技术。随着发达国家绿色能源在能源结构中比例增大，对传统化石燃料的依赖下降，加之公众环保意识的加强和环保管理规范，企业普遍愿意采用先进环保技术，为低碳经济发展提供技术基础。具体到中国而言，低碳技术涉及领域几乎涵盖了GDP的支柱产业，而这些支柱产业又有着不同的生产方式、发展阶段和技术模式，要想掌握低碳核心技术，并建立与之相适应的生产方式并不容易。因此，能源科技政策的制定要把握复杂性，做好统筹兼顾。

当前，世界仍约有12亿无电人口，其中95%居住在撒哈拉沙漠以南的非洲地区和亚洲发展中国家，联合国《2030可持续发展议程》中

17 个目标之一即为实现确保人人获得负担得起的、可靠和可持续的现代能源，旨在解决能源普及与发展可持续性之间的矛盾。因此，如何实现两者的协调统一，是能否有效落实《巴黎协定》的一个重要前提，也是能源转型所面临的一个关键课题。

三、中国发展低碳经济要符合中国的国情

长期以来，中国一次能源结构性矛盾一直比较突出，其原因有三点：一是低效、高污染的煤炭在能源消费中所占比重过高，而且有进一步趋升的势头；二是石油、天然气等优质清洁能源比重过低，进口大幅增长，对外依存度逐年加深；三是新能源和可再生能源尚处于试验、起步阶段，发展比较迟缓。我国 2009 年确定了 2020 年的低碳工作目标：到 2020 年单位国内生产总值二氧化碳排放比 2005 年下降 40% 至 45%，非化石能源占一次能源消费比重达到 15% 左右。2015 年我国提交的《强化应对气候变化行动——中国国家自主贡献》进一步提出了 2030 年的低碳发展目标：二氧化碳排放 2030 年左右达到峰值并争取尽早达峰；单位国内生产总值二氧化碳排放比 2005 年下降 60% 至 65%，非化石能源占一次能源消费比重达到 20% 左右。而这些目标实现的关键在于对能源进行彻底改造。

国家能源局数据显示，"十二五"期间，我国以年均 3.6% 的能源增速保障了国民经济 7.8% 的增速，单位 GDP 能耗累计下降 18.2%。在能源结构方面，水电、核电、风电、太阳能发电装机规模分别增长 1.4 倍、2.6 倍、4 倍和 168 倍，带动非化石能源消费比重提高了 2.6 个百分点。

许多人对于低碳经济的理解就是尽快脱离对于煤炭这种"高碳能

源"的利用，而且在目睹发达国家的种种先进举措以及取得的成效后，更是迫不及待地希望中国也迅速迈入到这一行列之中。对于这部分人的呼吁和迫切愿望，应该一分为二地客观看待。首先，这样的能源安全意识是值得肯定的，因为其已对中国的能源问题有了高度关注和一定了解，是公众能源安全意识中比较先进的一种潮流，倘使中国公众意识绝大部分能达到这样的高度，必定有助于推广和发展低碳经济。大规模、不合理、粗放利用煤炭是影响生态环境的重要原因之一。要实施能源消费总量和消费强度双控制，严格控制煤炭消费，推进重点地区煤炭减量替代，加快重点领域用能变革，提高天然气和非化石能源消费比重。

其次，仅有良好的愿望和积极的热情是不够的，还要充分考虑到中国能源结构的实际情况，认识到彻底摆脱现有的"高碳能源"模式不可能一蹴而就，而是一个渐进的过程，不能脱离中国能源以煤炭为主的能源利用现状孤立地追求低碳经济的成效，那样做不但不现实，也必然会产生各种各样的问题。在今后较长时期内，煤炭工业在国民经济和社会发展中仍将居于基础地位，本着务实的原则中国目前发展低碳能源技术的重点必须仍放在对煤炭洁净高效的转化利用和节能减排技术上。谢克昌院士指出化石能源洁净的高效化、低碳化利用是当前低碳能源技术发展的最主要内容。由此可见，在中国要更好地发展低碳经济就需与中国国情紧密结合，必须始终做到符合国情。

原国家环保总局副局长、中国环境与发展国际合作委员会秘书长张坤民指出，中国发展低碳经济不可忽视"锁定效应"，所谓"锁定效应"（Locked-in Effect），系指基础设施、机器设备、个人大件耐用消费品等，一旦投入，其使用年限均在 15 年乃至 50 年以上，其间不大能轻易废弃。英国提出低碳经济，除了应对全球气候变化外，还有其数十家燃煤电厂及核电厂正面临寿终更新的现实背景。英国的工业化已经一二百年，更新设施的资金与技术，应该说问题不大。而中国在积极发展电力的过程中，想要避免传统燃煤发电技术的弊端，推广整体煤气化联合循环、超（超）临界、大型流化床等先进发电技术和以煤气化为基础的多联产技术，倘无综合的国家决策和落实的国际合作，其巨额资金与高新技术难度极大。倘若继续沿用传统技术，当未来中国需要承诺温室气体减或限排义务时，却可能被这些投资"锁定"。如何在发展过程中，超前运筹，避免锁定效应的束缚，是一项紧迫而现实的挑战。①

　　由于锁定效应的限制，传统能源包括煤炭、石油及天然气等化石能源，在数十年内是不可能完全被取代的。然而，当前国际能源紧张的情势却愈演愈烈，成为世界各国无法回避的现实，许多国家积极提倡发展将传统能源进一步洁净使用的技术，包括提高电厂发电效率、净煤技术、燃料转换技术（如煤液化）等，这些可以为中国解决能源问题提供相关的借鉴。

　　中国政府很早就意识到了"锁定效应"问题，对于洁净煤技术和坑口火电十分重视，并作为缓解国内石油供给危机的重要措施。2000年10月9日，时任中国国务院总理的朱镕基在《关于制定国民经济和社会发展第十个五年计划建议的说明》中指出："资源战略的另一个重要问题，是能源特别是石油问题。国内石油开发和生产不能适应经济和社会发展的需要，供需矛盾日益突出。一年要花大量外汇进口石油，

---

① 张坤民：《低碳世界中的中国：地位、挑战与战略》，《中国人口·资源与环境》2008年第3期。

这是难以为继的。必须下大力气调整能源结构，从各方面采取措施节约石油消耗，大力发展洁净煤技术，进一步发展水电和坑口大机组火电。"①

因此，中国能源经济体系的主体部分还是由传统能源来支撑，煤炭、石油等传统能源产业的挖潜与改造在相当长时期内仍会作为中国的主要能源科研攻关方向。如煤炭的日常应用一般会产生大量的污染，但是通过科技攻关完全可以实现洁净化改造和利用，包括将造成大量煤炭安全事故的煤层气变废、变害为宝。中国工程院院士、清华大学教授倪维斗认为，所谓的清洁能源，更准确地说，应该是清洁的能源载体，将较"肮脏"的自然资源（如原油、煤炭等）转换成清洁的能源载体，作为燃料和动力。只要这种能源载体在生产和使用过程中对环境危害很小，就是清洁能源。所谓可靠的清洁能源，必须具备以下特征：（1）资源量丰富。可以基本立足于我国国内的能源资源。（2）环境友好。其排放物对环境的影响很小。（3）技术可行。其技术基本成熟，或作适当努力可在五年左右成熟，可以在大范围内使用。即在总体能源平衡中占相当的份额。（4）经济可行。其成本要有竞争力，可以逐步占据能源市场，形成相当的经济规模。（5）易于实现。其运行所需的基础设施和现有的基础设施能基本相容，不需要完全另搞一套。②

目前，中国已经逐步开始了将较新的科技创新成果引入人们日常生活中的一些有益尝试。要提高燃油标准，发展新能源车。2001 年开始，国家在重大科技计划中安排了清洁能源汽车研究和应用项目。2008 年的北京奥运会，有 600 辆新能源汽车提供服务，奥运村内所有的交通用

---

① 朱镕基：《关于制定国民经济和社会发展第十个五年计划建议的说明》，见 http://www.cnr.cn/wq/wzqh/qhnews/4.htm。

② 倪维斗、靳晖、李政、郑洪弢：《二甲醚经济：解决中国能源与环境问题的重大关键》，《煤化工》2003 年第 4 期。

车都是燃料电池车，每 3 分钟就有一辆"零排放"的燃料电池大客车驶过，实现了核心区"零排放"和周边"低排放"的科技奥运环保指标。这是发展低碳经济、节能减排的一项重要科技新成果，意味着新技术、节能环保产品已开始应用于人们的日常生活，[①] 也符合"低能耗、低污染、高产出"的低碳经济的发展趋势。全国政协副主席、科技部部长万钢认为，新科技革命与科技创新的一大趋势是低碳经济，其基本特征是低能耗、低污染、高产出。

要在低碳经济的发展上取得行之有效的成果，还要对重点领域能源的应用与革新有所侧重，做到有的放矢。就目前中国产业和能源的现状而言，"两高"行业是开展低碳技术创新的重中之重。钢铁、有色、石油加工、化工、建材等高能耗、重污染行业是我国产业结构中资源、能源消耗和工业废弃物产生的主体，环境污染与资源浪费特别突出。研发节能、资源高效、循环利用的清洁工艺与集成技术，通过清洁生产高技术产业化途径实现过程工业跨越式发展和循环经济模式，将全面带动我国传统产业的绿色化提升，是国家重大的战略需求。[②] 此外，由于石油资源短缺、煤炭资源丰富及人们环保意识的增强，二甲醚作为从煤转化成的清洁燃料日益受到重视，成为近年来国内外竞相开发的性能优越的低碳化工产品。

需要强调的一点是，既然已将中国能源安全体系视为一个复杂的系统，就要重视其"自组织"运行。但提倡"自组织"运行并不是对于能源安全体系构建中的负面因素放任自流，而是要在同时建立起相应的监督和规范机制，尤其是政府要加强环境治理保护，促进人与自

---

① 《高层视点》，《创新科技》2008 年第 10 期。

② 《加快节能减排技术研发　迎接低碳经济到来》，《中国科技产业》2008 年第 3 期。

然相和谐。要完善环境保护法律法规和管理体系，严格环境执法，"加快环境科技创新，加强污染专项整治，强化污染物排放总量控制，重点搞好水、大气、土壤等污染防治。完善有利于环境保护的产业政策、财税政策、价格政策，建立生态环境评价体系和补偿机制，强化企业和全社会节约资源、保护环境的责任。"[①]

"十三五"规划纲要提出，深入推进能源革命，着力推动能源生产利用方式变革，优化能源供给结构，提高能源利用效率，建设清洁低碳、安全高效的现代能源体系。这为"十三五"时期我国能源转型指明了方向。首先，通过产业结构调整、抑制不合理需求、技术进步、能效标准管理，多管齐下节能提效，实现"能源总量和强度的双控"。具体来说，到 2020 年，一次能源消费总量控制在 48 亿吨标准煤左右。在"十三五"时期，不再增加煤炭消费量。这是产业结构调整的必然结果，也是大气污染治理的必然要求。其中，"散煤替代"是"十三五"时期的一个重要工作。要用气、电、余热、可再生能源等实现大量散烧煤的替代。

大力度、高质量发展非化石能源，主要是可再生能源，水、风、光、生物质、地热能和海洋能等，必须降低成本。我国水电资源技术可开发容量约 6.6 亿千瓦，待开发大型水电资源约 1.9 亿千瓦主要集中在西藏、四川、云南等西部地区，若搭配 1.5 亿千瓦的风光电打捆送至华北、东部等能源消费总量大、煤炭消费比重大的省份，每年可为受端提供约 1.1 万亿千瓦时清洁能源，对促进西部经济社会发展以及国家节能减排和可持续发展等意义重大。同时水电开发技术成熟，运行灵

[①]《中共中央关于构建社会主义和谐社会若干重大问题的决定》，《人民日报》2006 年 10 月 19 日。

活，相对风、光、电和核电等有明显优势，应优先发展。常规水电开发应以川、滇、藏为重心，结合受端市场和外送通道建设，积极推进大型水电基地开发，继续做好金沙江中下游、雅砻江、大渡河等水电基地建设工作，积极推进金沙江上游等水电基地建设，建设藏东南"西电东送"接续基地。

风电和光伏发电是低碳经济发展的关键领域。一直以来"风电三峡"暴露出来的问题已经让不少业内人士担忧，在风电新的发展阶段，政策调整势在必行。国家能源局"关于分散式接入风电开发的通知"（国能新能［2011］226 号）在此背景下出台，通知指出："根据我国风能资源和电力系统运行的特点，借鉴国际先进经验，在规模化集中开发大型风电场的同时，因地制宜、积极稳妥地探索分散式接入风电的开发模式。"在风电发展方面，国家在"十二五"期间将改"建设大基地、融入大电网"的模式为"集中＋分散"的方式，发展低风速风场，并鼓励分散接入电网。低风速风电是指风速在 6—8 米 / 秒之间、年利用小时数在 2000 小时以下的风电开发项目，就目前的统计数据来看，全国范围内可利用的低风速资源面积约占全国风能资源区的 68%，且接近电网负荷的受端地区。

为解决弃风弃光问题，近年来国家采取了一系列措施，在加强规模、布局、通道衔接的同时，更加注重发挥市场机制的作用，包括建立健全可再生能源开发利用目标引导和全额保障性收购机制，引导可再生能源优先发电。推动可再生能源清洁供暖、风电制氢，探索就近消纳新模式。实施"光伏领跑者"计划，通过竞价上网倒逼成本下降。开展电力辅助服务市场改革试点，通过开展火电深度调峰交易、电储能调峰交易、火电停机备用交易等市场化手段促进风电消纳，收到了较好效果。解决好弃风弃光问题是一个复杂的系统工程，最根本、最主要的途径，还是要做好能源系统的统筹优化。

第一，加快电力系统调峰能力建设。"十三五"期间，要加快大型抽水蓄能电站、龙头水电站、天然气调峰电站等优质调峰电源建设，加大既有热电联产机组、燃煤发电机组调峰灵活性改造力度，积极发展储能，改善电力系统调峰性能。预计五年将增加煤电调峰能力4600万千瓦，抽水蓄能电站1700万千瓦，天然气调峰电站500万千瓦，显著提高电力系统调峰和消纳可再生能源的能力。

第二，调整优化发展布局。"十三五"期间，将风电和太阳能开发重心从"三北"向中东部转移，以分布式开发、就地消纳为主，新增风电装机中，中东部地区约占58%；新增太阳能装机中，中东部地区约占56%。同时，有序推进电力外输通道建设，促进"三北"地区可再生能源跨省区消纳。

第三，推进电力系统运行模式变革。深入推进电力体制改革落地，加快电力现货市场及电力辅助服务市场建设，建立健全有利于可再生能源发电上网消纳的价格和调度机制，逐步推行可再生能源电力配额考核和绿色证书交易机制。

通过采取以上措施，预计到2020年，我国可再生能源发电（含水电）并网容量可达到7.2亿千瓦，并网容量比重可达到36%，上网电量比重可达到27%。华东和南方等主要负荷中心消纳风电、太阳能发电能力可达到35%左右，接近世界先进水平。同时，努力把"三北"地区弃风率、弃光率控制在5%以内，其他地区基本做到不弃风、不弃光。

《巴黎协定》指出的目标和方向，是人类发展路径创新的新成果。走绿色、低碳之路是一场国际比赛，我国要在这场比赛中不落伍并争取主动，能源革命是关键。国内外形势都充分说明，推动能源革命，实现低碳发展，势在必行。在一系列政策影响下，清洁低碳能源体系的构建有望提速。"十三五"时期，能源消费强度预期将大幅下降。同时，在落实绿色低碳发展理念的要求下，"两升一降"趋势明显：煤炭消费比重将进一步降低，非化石能源和天然气消费比重将显著提高。油气替代煤炭、非化石能源替代化石能源的双重更替进程将加快推进。

第三节　中国引领构建全球气候变化治理机制

气候变暖问题一直是攸关全人类发展的现实性重大挑战，而中国能否延续"APEC 蓝天"一直为世人所关注。2014 年 11 月 16 日，习近平主席在澳大利亚布里斯班出席二十国集团领导人第九次峰会时发表讲话宣布中方计划 2030 年左右达到二氧化碳排放峰值，到 2030 年非化石能源占一次能源消费比重提高到 20% 左右，同时将设立气候变化南南合作基金，帮助其他发展中国家应对气候变化。中国在气候变化问题上的大国作为得到了国际社会的广泛赞誉。

一、中国的现实国情与应对气候变化战略的演进

当前，伴随着日益严峻的国际能源形势，全球气候变暖问题日益突出，国际社会呼吁在现有工业社会产能的基础上进行全方位节能减排，特别是千方百计地减少二氧化碳的排放以阻止全球气候变暖的步伐，由此各个国家和政府逐渐把眼光转向了低碳经济。

20 世纪 90 年代初以来，许多国家已经陆续抛出不同形式的温室气体减排承诺方案。2008 年国际金融危机爆发后，美、欧、日等发达国

家陆续出台经济刺激计划，力图通过科技、产业创新推动向绿色经济转型。2009 年年初，奥巴马上台后，一改布什政府的能源政策，表示将在未来 10 年投入 1500 亿美元资助替代能源的研究，以减少 50 亿吨二氧化碳的排放。他还承诺要通过新的立法，使美国温室气体排放量到 2050 年之前比 1990 年减少 80%，并拿抵税额度来鼓励消费者购买节能型汽车。欧盟更是绿色经济的倡导者和先行者。2009 年 3 月，欧盟宣布在 2013 年前出资 1050 亿欧元支持"绿色经济"，促进就业和经济增长，保持欧盟在低碳产业的世界领先地位。同年 10 月，欧盟委员会建议欧盟在 10 年内增加 500 亿欧元用于发展低碳技术。2010 年，欧盟委员会发布《欧盟 2020》战略，提出在可持续增长的框架下发展低碳经济和资源效率欧洲的路线图。目前欧盟已经正式提出了到 2020 年在 1990 年基础上减排 20%、在达成国际协议的情况下减排 30% 的目标。澳大利亚已承诺 2020 年在 2000 年的基础上减排 5%—15%，日本亦表示尽管有困难将尽快宣布其 2020 年的量化减排目标，其他发达国家的承诺方案预计也将陆续抛出。与此同时，发展中大国也抛出了承诺方案，如南非承诺其排放在 2025 年左右达到峰值。2015 年 6 月 30 日，韩国环保部、贸易能源部、财政部发布联合声明，宣布韩国 2030 年温室气体减排目标最终方案，在日常水平上减排 37%，较之前的减排 15%—30% 的目标有所提高。但是无论采取何种方案，世界各国均将大力发展可再生低碳能源作为减排温室气体和延缓气候变化的重要手段之一。

整体上来看，发展中国家的温室气体排放近十几年来呈现快速增长，并将继续保持这一增长的趋势，占全球排放量的比重不断上升。目前，发展中国家温室气体年排放量占全球的比重已接近 2/3。近十年来，新兴经济体，包括中国、印度、巴西和南非等，对全球排放趋势的影响十分显著。

目前，中国温室气体年排放量居世界第一位。同时，中国承诺到2030年左右达到能源相关二氧化碳排放峰值，在达峰前，中国排放量在全球的占比将不断升高。目前，中国一次能源消费结构中原煤仍占最大比例。据2010年统计数字，在一次能源消费中，原煤占70.45%，而经济发达的美国，原煤占22.95%。由此可见，中国仍然属于高碳经济，特别是近年来，国内大部地区频繁出现雾霾现象，严重影响人们的身体健康，空气污染治理工作备受社会各界关注。为此，发展低碳经济的呼声日益强烈。

在气候变化问题上，中国政府一直坚持积极应对，原则性与灵活性并重的战略。中国是相关国际谈判的积极参与者和重要成员之一，参加了所有的应对全球气候变化的国际谈判。中国以发展中国家的身份，在"77国集团加中国（G77+China）"的模式下，团结广大发展中国家，为维护发展中国家的发展权发挥了重要的作用。事实上，中国扮演着发展中国家阵营协调者的角色，中国积极推进了多项双边和多边气候合作，中国应对气候变化的战略轨迹和相应的内政外交政策可以从历次国际谈判立场的坚持与变化中得到体现。

作为一个发展中国家，中国积极应对气候变化是建设美丽中国，实现可持续发展的内在要求，也是对全世界的责任担当。中国国家主席习近平指出，应对气候变化是中国可持续发展的内在要求，也是负责任大国应尽的国际义务，这不是别人要我们做，而是我们自己要做。①

---

① 《张高丽出席联合国气候峰会发表讲话　构建合作共赢全球气候治理体系》，《人民日报》（海外版）2014年9月25日。

中国始终把环境保护作为一项基本国策，将科学发展观作为执政理念，党的十七大报告强调"加强应对气候变化能力建设，为保护全球气候作出新贡献"。2007 年 6 月，中国成立了国家应对气候变化及节能减排工作领导小组，并根据《框架公约》的规定，结合中国经济社会发展规划和可持续发展战略，制定并公布了《中国应对气候变化国家方案》，颁布了一系列相应的法律法规。在所有国际场合中，中国与其他发展中国家一道，承诺担当应对气候变化的相应责任。中国在维护《框架公约》和《京都议定书》的主渠道地位、坚持"共同而有区别"的责任、减缓与适应并重的同时，坚持发展中国家在全球变暖问题上不承担历史责任，强调发达国家的"奢侈排放"与发展中国家"生存排放"的区别，认为发达国家应该率先承担减排责任，发达国家有向发展中国家提供技术和资金支持的责任，其应与发展中国家应对气候变化的努力平衡。中国欢迎其他相关倡议和机制，认为它们应成为公约框架有益的补充，应平衡推进气候变化领域国际合作，重视加强对发展中国家的资金援助和技术转让。在此过程中，不能单纯强调市场机制的作用，更不能把应对气候变化的任务全部推向市场。中国的立场得到广大发展中国家支持。

2009 年 6 月 19 日，亚太低碳经济论坛 2009 中国峰会开幕，来自国家发展和改革委员会的有关负责人提出，我国将以资源节约、环境保护为基本国策，以实现可持续发展为国家战略，继续从调整产业结构、提高能效、发展清洁及可再生能源三方面积极应对气候变化，发展低碳经济。未来中国将积极调整产业结构，努力推进经济增长方式的转变，加快发展第三产业，特别是发展现代服务业，减少国民经济发展对工业增长的过度依赖，并积极推进高技术产业的发展，抑制高耗能、高污染行业，促进外贸方式的转变，限制资源型产品的出口，加速产业结构的调整。同时，要提高市场准入标准，逐步淘汰落后产能，加快企业兼并重组，提高集约化生产水平，有效降低单位 GDP 碳排放的强度，实现低碳发展。[①]

中国的气候变化战略中有两个问题是一直坚持不变的，一个是关于减排义务，另一个是关于将气候变化与其他问题挂钩。

中国的气候战略中最核心也最受国际社会关注的是坚持中国在现阶段不承担任何减排义务。尽管在不同时间或场合，中国对该立场的具体表述有所不同，但至今这一立场没有任何本质的变化。例如，中国谈判代表团团长刘江在 1999 年公约第五次缔约方会议的部长级会议上发言，"中国在达到中等发达国家水平之前，不可能承担减排温室气体的义务。但中国政府将继续根据自己的可持续发展战略，努力减缓温室气体的排放增长率"。[②]在 2005 年公约第十一次缔约方会议上，中国政府再次强调要在可持续发展框架下采取行动。[③]在全球气候变化问题的谈判中，中国一直强调各国减排的义务，应当以人均能源的消耗量和人均温室气体的排放量作为其减排的基础，而不应该将发展中国家的最起码的生存排放和发达国家的奢侈排放混为一谈。[④]在 2009 年的哥本哈根气候大会上，中国代表团团长、国家发改委副主任解振华也曾表示，

[①]《我国提出应对气候变化四原则　三方面发展低碳经济》，见 http://www.gov.cn/jrzg/2009-06/19/content_1345292.htm。

[②]《中国代表团团长刘江在气候变化公约第五次缔约方会议上的发言》，见 http://www.ccchina.gov.cn/cn/index.asp。

[③]《中国代表团团长王金祥在气候变化公约第十一次缔约方会议暨〈京都议定书〉第一次缔约方会议上的发言》，见 http://www.ccchina.gov.cn/cn/index.asp。

[④] International Institute for Sustainable Development（IISD），Report of the Fourth Conference of the Partiesto the UN Framework Convention on Climate Change，http://www.iisd.ca/vol12/enb1297e.html，1998-09-16.

中国自主采取的减缓行动是公开透明的，有法律保障，有统计考核体系和问责制度，要向社会和世界公布，但绝不接受国际"三可"（减排的可测量、可报告、可核查）。中国拒绝接受有法律约束力的国际量化减排标准，这一点一直是中国参与国际气候谈判的底线。另一个中国始终坚持的战略原则是，反对将气候变化与其他问题挂钩。近年来的国际气候谈判中，发达国家有通过其他问题向发展中国家施压的动向，尤其是利用国际贸易中的关税问题，以期加大中国的减排压力。在经济全球化时代，中国的对外贸易依存度不断提高，2012 年中国对外贸易总额为 38667.6 亿美元，[①] 依然占到国内生产总值（GDP）的 47% 左右，[②] 中国企业要参与国际竞争，未来就不得不面临例如欧盟之类的组织，可能以气候变化为由针对议定书非缔约方设置新的绿色贸易壁垒。对此，中国虽然在态度上坚持反对，但是应有清醒的认识，在行动上必须早做准备，才能面对难以阻挡的气候变化与国际贸易挂钩的趋势。

2014 年 3 月 21 日，中共中央政治局常委、国务院总理李克强主持召开节能减排及应对气候变化工作会议。李克强说，必须看到，节能减排与促进发展并不完全矛盾，关键是要协调处理好，找到二者的合理平衡点，使之并行不悖、完美结合。淘汰落后产能，关停高耗能、高排放企业，会对增长带来影响，但其中也蕴含着很大商机，会为新能源、节能环保等新兴产业成长提供广阔空间。我们要善抓机遇，进退并举，控制能源消费总量，提高使用效率，调整优化能源结构，积极发展风电、核电、水电、光伏发电等清洁能源和节能环保产业，开

---

① 见海关总署网站 http://www.customs.gov.cn/publish/portal0/tab44604/module109000/info414066.htm。

② 见国家统计局网站 http://www.stats.gov.cn/tjgb/ndtjgb/qgndtjgb/t20130221_402874525.htm。

工一批新项目，大力推广分布式能源，发展智能电网，逐步把煤炭比重降下来。尤其是要着力发展服务业特别是生产性服务业。服务业总体能耗低，又是就业最大容纳器，对推动发展潜力巨大。要加快有序放宽市场准入、加大政策激励，提升服务业在国民经济中的比重，确保今年继续超过二产，使其成为促进产业结构优化、推动节能减排和低碳发展的关键一招。李克强说，应对气候变化与节能减排相辅相成，是人类的共同责任。中国作为负责任的大国，愿主动积极作为，与世界各国一道，在坚持"共同但有区别的责任"原则、公平原则、各自能力原则的基础上，为应对气候变化的挑战作出更大努力。会议原则通过《2014—2015 年节能减排低碳发展行动方案》，并研究讨论了我国应对气候变化的行动方案。①

碳市场建设是一项重大的制度创新，也是一项复杂的系统工程。2011 年以来，国家发改委在北京、天津、上海、重庆、广东、湖北、深圳七个省市开展了碳交易试点，为建设全国统一的碳市场来积累经验。统计显示，2013 年开始交易，到 2017 年 11 月，7 家试点累计配额成交量超过了 2 亿吨二氧化碳当量，成交额超过了 46 亿元，而且从试点的范围来看，碳排放总量和强度出现了双降的趋势，起到了碳市场要发挥控制温室气体排放的作用。2017 年 12 月，国家发改委印发了《全国碳排放权交易市场建设方案（发电行业）》，这标志着我国碳排放交易体系完成了总体设计，并正式启动。

2017 年中国碳强度比 2005 年下降约 46%，为实现"十三五"碳强度约束性目标和落实 2030 年国家自主贡献目标奠定了基础。如习近平

---

① 《李克强主持召开节能减排及应对气候变化工作会议》，见 http://news.xinhuanet.com/photo/2014–03/23/c_126303992.htm。

总书记在党的十九大报告中指出的：中国正"引导应对气候变化国际合作，成为全球生态文明建设的重要参与者、贡献者、引领者"。[①]

二、中国通过高效扎实的应对气候战略赢得国际社会的尊重与理解

21世纪末将温升控制在相对工业化前不超过2℃的水平是国际社会已经确立的政治共识。而要实现2℃目标，需要全球实现全方位的发展路径重大转型。中国领导人一再重申气候问题关系到中国和全世界人民的福祉和可持续发展。

2007年9月8日，胡锦涛在亚太经合组织（APEC）第15次领导人会议上，本着对人类、对未来的高度负责态度，对事关中国人民、亚太地区人民乃至全世界人民福祉的大事，郑重提出了四项建议，明确主张"发展低碳经济"，令世人瞩目。他特别提出："开展全民气候变化宣传教育，提高公众节能减排意识，让每个公民自觉为减缓和适应气候变化作出努力。"[②]

2009年9月22日，联合国气候变化峰会在纽约联合国总部举行，胡锦涛出席峰会开幕式并发表重要讲话。他强调，中国高度重视和积极推动以人为本、全面协调可持续的科学发展，明确提出了建设生态文明的重大战略任务，强调要坚持节约资源和保护环境的基本国策，坚持走可持续发展道路，在加快建设资源节约型、环境友好型社会和建设创新型国家的进程中不断为应对气候变化作出贡献。因此，建设"低

---

① 《党的十九大报告辅导读本》，人民出版社2017年版，第6页。
② 张仕荣：《低碳经济：全球与中国永续发展的关键》，《学习时报》2014年12月8日。

碳型"社会已经成为中国的基本国策。①

党的十八大报告显示：中国未来 10 年的战略发展规划，仍是集中精力做自己的事情；未来 10 年中国政府的注意力，仍聚焦在 13 亿中国人民的福祉和民生议题上。纵观报告中涉及外交、国防政策等内容，表达了中国在未来 10 年将继续融入国际社会，同时要担当国际秩序的积极建设者和负责任的大国。

2013 年 4 月，习近平总书记在海南考察时指出，保护生态环境就是保护生产力，改善生态环境就是发展生产力。良好生态环境是最公平的公共产品，是最普惠的民生福祉。②

2013 年 6 月 19 日，国家主席习近平在北京会见联合国秘书长潘基文时指出：中国需要联合国，联合国也需要中国。中国重视联合国，将坚定地支持联合国。中国是联合国安理会常任理事国，这不仅是权力，更是一份沉甸甸的责任。中国有这个担当。中国将继续大力推动和平解决国际争端，支持联合国推进千年发展目标，愿同各方一道努力，共同应对气候变化等问题，为世界和平、人类进步作出更大贡献。③

2013 年 7 月 8 日，习近平在致生态文明贵阳国际论坛 2013 年年会的贺信中指出："走向生态文明新时代，建设美丽中国，是实现中华民族伟大复兴的中国梦的重要内容。中国将按照尊重自然、顺应自然、保护自然的理念，贯彻节约资源和保护环境的基本国策，更加自觉地推动绿色发展、循环发展、低碳发展，把生态文明建设融入经济建设、政治建设、文化建设、社会建设各方面和全过程，形成节约资源、保

---

① 张仕荣：《低碳经济：全球与中国永续发展的关键》，《学习时报》2014 年 12 月 8 日。
② 《习近平：良好生态环境是最公平的公共产品》，见 http://www.hq.xinhuanet.com/news/2013-04/11/c_115344007.htm。
③ 《习近平谈治国理政》，外文出版社 2014 年版，第 211—212 页。

护环境的空间格局、产业结构、生产方式、生活方式，为子孙后代留下天蓝、地绿、水清的生产生活环境。保护生态环境，应对气候变化，维护能源资源安全，是全球面临的共同挑战。中国将继续承担应尽的国际义务，同世界各国深入开展生态文明领域的交流合作，推动成果分享，携手共建生态良好的地球美好家园。"①

2013 年 10 月 7 日，中国国家主席习近平在印度尼西亚巴厘岛出席亚太经合组织工商领导人峰会，并发表《深化改革开放　共创美好亚太》的重要演讲中指出：我们将加强生态环境保护，扎实推进资源节约，为人民创造良好生产生活环境，为应对全球气候变化作出新的贡献。②

2014 年 8 月 16 日，中国国家主席习近平在南京会见联合国秘书长潘基文。习近平表示，2015 年是联合国成立 70 周年。国际社会应该把握这一契机，致力于维护联合国宪章和原则，共同加强多边主义，促进世界和平与发展。中方将积极参与 2014 年 9 月联合国气候变化峰会，为推动应对气候变化国际合作注入新动力。

2014 年 11 月 12 日，中美双方共同发表了《中美气候变化联合声明》。根据声明，美国计划于 2025 年实现在 2005 年基础上减排 26%—28% 的全经济范围减排目标并将努力减排 28%；中国计划 2030 年左右二氧化碳排放达到峰值且将努力早日达峰，并计划到 2030 年非化石能源占一次能源消费比重提高到 20% 左右。声明中说，中美双方将携手与其他国家一道努力，以便在 2015 年联合国巴黎气候大会上达成在公约下适用于所有缔约方的一项议定书，其他法律文书或具有法律效力

---

① 《习近平谈治国理政》，外文出版社 2014 年版，第 250—251 页。
② 《习近平谈治国理政》，外文出版社 2014 年版，第 347 页。

的议定成果。双方致力于达成富有雄心的 2015 年协议，体现"共同但有区别的责任"和各自能力原则，考虑到各国不同国情。双方计划继续加强政策对话和务实合作，包括在先进煤炭技术、核能、页岩气和可再生能源方面的合作，这将有助于两国优化能源结构并减少包括产生自煤炭的排放。当天双方宣布了加强和扩大两国合作的进一步措施。①有专家表示，该项双边协议的达成是"具有历史意义的事件"，为中美气候领域乃至新型大国关系的发展树立新的里程碑。这一声明的发布是政治战略的决定，表明两国正式在最高决策层确立了未来发展的低碳方向，为应对气候变化，实现可持续发展提供了巨大的推动力，将在联合国气候谈判中为达成 2015 年巴黎协议带来推动力和良好势头。双边声明在气候变化领域和低碳发展领域开辟了广阔的合作前景，为两个最大经济体之间的贸易、投资提出了新的课题和机会。低碳发展、绿色发展，有可能成为中美经贸关系的新主题、新概念、新线索和新亮点。同时也有专家指出，要达到声明中所既定的目标，中美两国都面临巨大挑战。对美国而言，意味着美国年均温室气体排放下降速率需翻番，从 2005—2020 年的 1.2% 增加到 2020—2025 年的 2.3%—2.8%。此外，美国国家体系会多深、多快、多持久地顺应世界和美国的低碳转型大势也有待观察。对中国而言，在 2030 年左右达到碳排放峰值，意味着届时单位国内生产总值（GDP）的二氧化碳排放强度下降率要大于 GDP 年增长率。实现这一目标涉及很多难点，包括如何实现煤炭投资、就业的平稳过渡，如何在煤炭和能源消费格局中占比相对较高的情况下不断低碳化、清洁化等。

---

① 《中美气候变化联合声明》，《人民日报》2014 年 11 月 13 日。

2℃目标要求的峰值时间会对中国造成严重压力。如果中国排放不达到峰值，全球排放也很难达到峰值，中国的排放何时达到峰值是国际社会关注的焦点。2014年11月16日，习近平主席在澳大利亚布里斯班出席二十国集团领导人第九次峰会时发表讲话，宣布中方计划2030年左右达到二氧化碳排放峰值，到2030年非化石能源占一次能源消费比重提高到20%左右，同时将设立气候变化南南合作基金，帮助其他发展中国家应对气候变化。由此，发展低碳经济和建设低碳社会成为推动中国可持续发展的基本国策。中国在应对全球气候变暖与发展低碳经济方面展现了作为全球性大国的责任与担当。

小岛屿国家在全球气候变化中受到的冲击最大，因此在应对气候变化的诉求方面也最迫切，中国对此高度关注。[①]2014年11月22日，国家主席习近平在楠迪同斐济总理姆拜尼马拉马、密克罗尼西亚联邦总统莫里、萨摩亚总理图伊拉埃帕、巴布亚新几内亚总理奥尼尔、瓦努阿图总理纳图曼、库克群岛总理普纳、汤加首相图伊瓦卡诺、纽埃总理塔拉吉等太平洋岛国领导人举行集体会晤。习近平主持集体会晤并发表主旨讲话，就发展和提升中国同太平洋岛国关系提出以下五点建议：

——建立相互尊重、共同发展的战略伙伴关系。

——加强高层交往，继续办好中国—太平洋岛国经济发展合作论坛等机制性对话。

---

　　① 小岛屿国家联盟（Alliance of Small Island States，AOSIS）是一个低海岸国家与小岛屿国家的政府间组织，成立于1990年，其宗旨是加强小岛屿发展中国家（Small Island Developing States，SIDS）在应对全球气候变化中的声音。AOSIS早在1994年《京都议定书》谈判中推出第一份草案之后便已相当活跃。截至2008年3月，AOSIS共有来自全世界的39个成员及4个观察员，其中有37个联合国会员。该联盟代表了28%的发展中国家以及20%的联合国会员总数。

——深化务实合作。中方将为最不发达国家97%税目的输华商品提供零关税待遇。中方将继续支持岛国重大生产项目以及基础设施和民生工程建设。

——扩大人文交流。未来5年，中国将为岛国提供2000个奖学金和5000个各类研修培训名额。继续派遣医疗队到有关岛国工作，鼓励更多中国游客赴岛国旅游。

——加强多边协调。中方将在南南合作框架下为岛国应对气候变化提供支持，向岛国提供节能环保物资和可再生能源设备，开展地震海啸预警、海平面监测等合作。[1]

2015年1月8日下午，国务院总理李克强在人民大会堂会见来华出席中拉论坛首届部长级会议的巴哈马总理克里斯蒂。李克强强调，中方理解巴哈马等小岛屿国家在气候变化问题上的关切，中国自身也高度重视气候变化问题，并为此付出了艰苦努力。中方愿继续同小岛屿国家加强合作，提供力所能及的帮助，共同应对挑战。

中国在全球气候——能源体系中的重要性日益增加，但现有的国际机制并未充分体现出来，中国还需通过创建完善合作机制来承担维护彼此和全球能源安全的责任和义务。因此要建立一种能将能源安全、环境保护与气候变化结合起来的新的协调机制（包括各种专业的委员会）或者组建并发展世界范围内更具代表性和更加有效协调的能源合作组织，以便进一步规范国际能源市场，制定统一的贸易规则和投资标准，促使中国的气候——能源对外战略更加规范化、更具落实力。

高碳发展不是通向现代化的必由之路，要转变对高碳发展的路径

---

① 《中国与南太岛国合作的"干货"》，见 http://news.xinhuanet.com/world/2014-11/24/c_12724 5516.htm。

依赖需要作出非凡努力，积极应对气候变化是推动低碳转型的重要动力，是中国自身的战略需求。中国政府 2015 年 6 月 30 日发布了《强化应对气候变化行动——中国国家自主贡献》这一文件，阐明了中国强化应对气候变化的行动目标与相应的政策措施，这不仅将积极推动国际气候谈判，促进合理的国际气候制度的建立，也将有力推动我国经济社会发展的绿色低碳转型，推进生态文明建设和可持续发展。

2015 年 11 月 30 日，中国国家主席习近平在巴黎出席气候变化巴黎大会开幕式的重要讲话指出：中国一直是全球应对气候变化事业的积极参与者，有诚意、有决心为巴黎大会成功作出自己的贡献。《环球邮报》报道，2015 年，中国已成为清洁能源技术的最大市场。报道称，目前中国可持续能源仅占 10%，煤炭仍然占到 60% 到 70%，对清洁能源有着巨大需求；2014 年，中国企业对清洁能源的总投资额达到 800 亿美元为全球第一。《麦克林周刊》报道，中国目前是绿色能源的投资大国。

过去几十年来，中国经济快速发展，人民生活发生了深刻变化，但也承担了资源环境方面的代价。鉴往知来，中国正在大力推进生态文明建设，推动绿色循环低碳发展。中国把应对气候变化融入国家经济社会发展中长期规划，坚持减缓和适应气候变化并重，通过法律、行政、技术、市场等多种手段，全力推进各项工作。中国可再生能源装机容量占全球总量的 24%，新增装机占全球增量的 42%。中国是世界节能和利用新能源、可再生能源第一大国。

"万物各得其和以生，各得其养以成。"中华文明历来强调"天人合一"、尊重自然。面向未来，中国将把生态文明建设作为"十三五"规划重要内容，落实创新、协调、绿色、开放、共享的发展理念，通过科技创新和体制机制创新，实施优化产业结构、构建低碳能源体系、发展绿色建筑和低碳交通、建立全国碳排放交易市场等一系列政策措施，形成人和自然和谐发展现代化建设新格局。中国在"国家自主贡献"中提出将于 2030 年左右使二氧化碳排放达到峰值并争取尽早实现，2030 年单位国内生产总值二氧化碳排放比 2005 年下降 60%—65%，非化石能源占一次能源消费比重达到 20% 左右，森林蓄积量比 2005 年增加 45 亿立方米左右。虽然需要付出艰苦的努力，但我们有信心和决心实现我们的承诺。

中国坚持正确义利观，积极参与气候变化国际合作。多年来，中国政府认真落实气候变化领域南南合作政策承诺，支持发展中国家特别是最不发达国家、内陆发展中国家、小岛屿发展中国家应对气候变化挑战。为加大支持力度，中国在 2015 年 9 月宣布设立 200 亿元人民币的中国气候变化南南合作基金。中国将于 2016 年启动在发展中国家开展 10 个低碳示范区、100 个减缓和适应气候变化项目及 1000 个应对气候变化培训名额的合作项目，继续推进清洁能源、防灾减灾、生态保护、气候适应型农业、低碳智慧型城市建设等领域的国际合作，并帮助他们提高融资能力。①

2016 年 9 月 3 日，二十国集团工商峰会（B20 峰会）开幕，国家主席习近平出席开幕式并发表主旨演讲。习近平表示，将毫不动摇实施可持续发展战略，坚持绿色低碳循环发展，坚持节约资源和保护环境的基本国策。习近平表示，推动绿色发展，也是为了主动应对气候变化和产能过剩问题。今后 5 年，中国单位国内生产总值用水量、能耗、

① 《习近平在气候变化巴黎大会开幕式上的讲话（全文）》，见 http://www.xinhuanet.com/world/2015-12/01/c_1117309642.htm。

二氧化碳排放量将分别下降 23%、15%、18%。要建设天蓝、地绿、水清的美丽中国，让老百姓在宜居的环境中享受生活，切实感受到经济发展带来的生态效益。

2017 年 6 月 1 日，美国总统特朗普在白宫宣布：美国将退出应对全球气候变化的《巴黎协定》。特朗普当天在记者会上说："即日起，美国将停止落实不具有约束力的《巴黎协定》。"特朗普说：《巴黎协定》让美国处于不利位置，而让其他国家受益。美国将重新开启谈判，寻求达成一份对美国公平的协议。美国前总统奥巴马当天在一份声明中批评说，美国"加入了少数拒绝未来的国家行列"。

特朗普一直称气候变化是骗局，并在选举期间威胁要退出《巴黎协定》。他就任以来要求评估修改奥巴马政府制订的旨在减少发电厂碳排放的《清洁电力计划》。特朗普政府提出的 2018 财年联邦政府预算也提议停止向一些联合国应对气候变化项目拨款，并大幅削减美国环保局的预算。特朗普政府在气候问题上的立场遭到国际社会广泛批评。

应对气候变化是人类共同的事业，中国与世界将携手努力，为推动建立公平有效的全球应对气候变化机制、实现更高水平全球可持续发展、构建合作共赢的国际关系作出贡献。

第五章　科技创新与中国的能源安全

能源科技创新是保障国家能源安全、改善能源结构、实现节能减排和保护环境的重要手段。目前，由于受到多方面限制，中国能源科技的总体水平与世界先进水平相比仍存在一定差距，能源科技创新不能完全适应经济社会发展的要求。

第一节　科技创新是维持中国能源安全体系运行的原动力

中国的能源安全体系是一个复杂巨系统，首先应关注的一个方面是找到最终决定该体系协同演化的"序参量"，即解决中国能源安全问题的原动力。

一、"序参量"与中国能源安全体系的运行动力

在中国能源利用的发展历史中，可以发现在各个阶段都有诸多变量影响着能源安全体系的演化，其中有几个变量值得关注，如科技、政策及不同时期各个群体的能源安全理念，而其中变化最慢同时影响最为深远的还是科技这个变量。当前，在能源领域里，科技创新这个慢变量的重要作用正日益凸显，逐渐成为决定中国能源安

全体系的"序参量"，因此科技进步是解决中国能源安全问题的原动力。在人类历史上发生过的三次技术革命中，第一次是以蒸汽机的发明与使用为标志的工业革命；第二次是以电力的发明和化石能源大规模使用为标志的重工业革命；第三次是以计算机等高技术发展为标志的信息革命。这三次革命，都曾使人类通过技术创新发展生产力，满足人口增长带来的物质需要。而目前，高油价时代的来临，为新技术、新能源的研发和推广创造了条件，以新能源技术为代表的第四次技术革命必将出现，通过开发新技术、新能源，摆脱对传统化石能源的依赖。

中国以煤炭为主体的能源供给基本格局以及石油供给日益依赖外部进口的基本状况，使得其在能源领域中的自主创新日益显现出具有决定性的重要意义，特别是新能源的技术研发和商业推广可望在未来从根本上解决中国的能源问题。对中国而言，只有成为第四次技术革命的领跑者，才有机会突破能源瓶颈，摆脱受制于人的局面。

美国页岩气大规模产业化开发，已经成为全球能源领域的一场重要变革，将对世界能源格局和天然气供需形势产生了重要影响。页岩气是从页岩层中开采出来的天然气，成分以甲烷为主，是一种重要的非常规天然气资源，其形成和富集有着自身独特的特点，往往分布在盆地内厚度较大、分布广的页岩烃源岩地层中。大部分产气页岩分布范围广、厚度大，且普遍含气，这使得页岩气井能够长期地以稳定的速率产气，具有开采寿命长和生产周期长的优点。全球页岩气资源非常丰富。据预测，世界页岩气资源量为456万亿立方米，主要分布在北美、中亚和中国、中东和北非、拉丁美洲、俄罗斯等地区。与常规天然气相当，页岩气的资源潜力可能大于常规天然气。世界上对页岩气资源的研究和勘探开发最早始于美国。依靠成熟的开发生产技术以及完善的管网设施，美国的页岩气成本仅仅略高于常规气，这使得美国成为世界上唯一实现页岩气大规模商业性开采的国家。我国页岩气预估地质资源总量 134 万亿立方米，资源潜力与美国相仿，与美国不同的是，我国的页岩气开采难度更大，页岩气层深度比美国深得多。俄罗斯一些专家认为，中国的页岩气开发还处于"年轻"阶段。美国人也认为，从技术上讲我国页岩气开发还处于早期阶段。我国页岩气资源战略调查和勘探开发的战略目标是：到 2020 年页岩气可采储量稳定增长，达到 1 万亿立方米，达到常规天然气产量的 8% 至 12%，使页岩气成为我国重要的清洁能源资源，关键在于加大科技攻关力度，突破核心技术，从而加快我国页岩气勘探开发步伐。

中国能源问题得以解决的根本出路就在于科技创新，因为对于能源的认识总是借助和依赖于科技创新的水平。热核聚变也是一个很好的范例。海水中的氘和氚是客观存在的，但是只有在相应的科学和技术条件下，才能被转化为人类所利用的能源。

2017 年 7 月 5 日，中国的超导托卡马克实验装置（EAST）在全球首次实现了上百秒的稳态高约束运行模式，这是一个里程碑式的突破，将为我国下一代核聚变装置的建设和国际核聚变清洁能源的开发利用奠定坚实的技术基础，热核聚变在过去 50 年中发展非常之快。世界上第一个真正意义上的"人造太阳"，是国际热核聚变实验堆 ITER，要在 20 年左右能够在大规模的、几十万千瓦的基础上运行较长的时间，就需要验证聚变的工程可行性。未来随着科技的发展，还有许多当今能源领域所没有提及的事物成为重要的新能源和替代能源，能源这个话语会被赋予更多的含义。

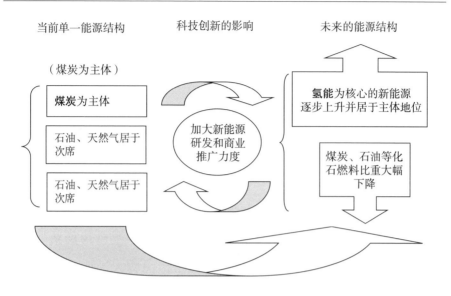

图 5.1　科技对于能源安全体系的影响图解

二、科技创新支撑中国能源安全体系运行

科技创新是中国解决能源稳定供应和安全保障的核心手段，中国必须一手抓清洁能源的运用，一手抓传统能源的改造升级。通过科技创新这个"慢变量"维系中国能源安全体系运行并促进其不断完善，这是一个十分漫长的过程，需要科技创新的不断发展、科技与社会的紧密结合以及人民克服传统观念所带来"路径依赖"。具体到能源安全的各个领域，对于能源的供应安全、使用安全、涉及能源的环境安全等都有着决定性的影响。

科技创新对于传统能源供给和使用方面的意义在于通过新技术的采用为国家增加稳定和可靠的能源补给，以及通过新型节能技术对传统能源进行挖潜改造，促进减少环境污染，改善环境质量。当前，国内必须按照加快转变经济发展方式的要求，增强能源科技创新能力，调整优化能源结构，构建现代能源产业体系，为经济社会发展提供可靠的能源保障。例如，在暑期应高度重视电力行业节能增效和迎峰度夏，加强应急响应，确保安全稳定运行。要在保证安全的前提下推进核电建设，积极有序地开发水能、风能、太阳能和生物质能，提高新能源产业发展的水平。

2016 年 4 月，为了充分发挥能源技术创新在建设清洁低碳、安全高效现代能源体系中的引领和支撑作用，国家发展改革委、国家能源局组织编制了《能源技术革命创新行动计划（2016—2030 年）》，在国家层面首次制定全面部署面向未来的能源领域科技创新战略和技术发展路线图，旨在加速我国从能源生产消费大国向能源技术强国迈进。

《能源技术创新"十三五"规划》《中国制造 2025——能源装备实施方案》是《能源技术革命创新行动计划（2016—2030 年）》在"十三五"期间的阶段性目标，也是未来 5 年推进能源技术革命的重要指南，将国家经济和能源科技相结合，肩负我国由制造大国迈向制造强国之重任。这些超前部署，瞄准了我国能源科技中长期 15 大创新方向、139 项创新行动和能源装备 15 个重点发展领域。同时，鼓励采取应用推广一批、示范试验一批、集中攻关一批等方式，加大科技攻关力度。在顶层设计的带动下，科技创新的支撑引领作用显著增强，我国能源发展进入创新驱动的新阶段。就能源科技创新的总体发展趋势而言，所有的技术、装置、平台、系统都向着更有效、更大规模使用清洁能源、减少碳排放等目标进行研究和开发。只有这样，才能促进能源的清洁化、低碳化、高效化和可持续化，这就是能源科技创新的意义所在。[1]

---

[1] 《能源科技创新进入高度活跃期各领域科技成果涌现》，来源：《中国电力报》，2017 年 11 月 7 日，见 http://www.in-en.com/article/html/energy-2263765.shtml。

　　石油天然气是重要的战略资源，能否稳定安全地保证供给，直接关系到国家的经济安全和国防安全。在国际主要油气产地风云变幻，世界油气资源分布极不平衡，全球油气价格波动剧烈的情况下，油气资源安全问题更加突出。事实上，国家科技攻关计划支持着油气勘探开发技术的研究，为我国油气资源战略安全提供了强有力的科技支撑，构筑起中国能源的安全体系。①

　　来自中国海洋石油总公司的数据称，南海油气资源储量占中国油气总资源量的1/3，其中70%蕴藏在153.7万平方公里的深水区域。如果深海石油开发获得成功，则有可能将我国石油对外依存度控制到60%以内，有效解决保障石油供应的能源安全问题。2011年12月，中科院严陆光院士牵头搞的《关于大力加强我国海洋石油勘探开发安全与陆上油气储运安全工作的建议》中提出，海洋石油勘探开发在勘探、钻井、建井、完井、采油、集输、工程作业等方面均有特殊的安全科技问题，最关键是要攻克海上油气钻井、生产及集输、工程作业、海洋油气工程腐蚀防护、安全供电5项关键技术。

　　以乙醇等生物燃料替代传统化石燃料是保障国家能源安全、实现温室气体减排，保护生态环境战略的一部分，而持续不断地研发和科技创新是实现该目标的重要基础和切实保障。自2001年起，各国政府在发展更清洁、更廉价和更可靠性能源方面的投资超过了120亿美元。美国也在研发石油与汽油替代品领域加大投资力度，包括先进的车用电池、生物柴油和氢燃料电池。这些新科技可以在价格合理的基础上提供可靠的能源供给。美国前总统奥巴马在上任之初一直强调能源独

----

① 《科技撑起中国能源安全》，资料来源：人民网，见 http://www.china.com.cn/chinese/TEC-c/158596.htm。

立，以减少美国对海外石油的依赖。为达到这一目标，奥巴马针对乙醇燃料、混合动力汽车、新能源均提出了详细的政策目标。其中，最值得关注的仍是可再生能源发电量配额的限定，即 2013 年 10%、2025 年 25% 的配额比例，这意味着美国这一全球最大的新能源市场的启动。

对于中国而言，加强可再生能源开发利用，是应对日益严重的能源和环境问题的必由之路，也是实现可持续发展的必由之路。生物质能源是清洁的可再生能源，我国也在积极推动生物质能源发展，相关的鼓励政策正在陆续出台。乙醇及其他种类的生物燃料是保障各国能源安全、维护空气清洁与减缓气候变暖的战略的一部分。国内对生物燃料发展的最大质疑来自对"粮食安全"的顾虑，因为农业是中国的战略产业，也是劣势产业。丹麦诺维信公司根据中国的实际情况，以玉米秸秆等废弃原料制取纤维素乙醇的技术，实现"变废为宝"无疑是解决问题的最好路径。这些必备的科学研究和新科技开发，保障更多汽油被生物燃料取代，保障更多空气不被污染，保障更多的能源能够不被浪费，从而达到可持续地资源利用。从长远的角度考虑，燃料乙醇要成为一个可持续发展的市场化的产业，必须依靠技术创新和技术进步。国际发展经验表明，燃料乙醇技术的发展将随着时间逐渐成熟。巴西的发展证明了这一观点。通过不断的技术进步，积累经验，降低生产成本，提高生产效率，巴西的燃料乙醇工业已经完全市场化，并在国际出口市场上具有竞争力。美国通过技术创新，玉米的单位产量和玉米到乙醇的转换率也已得到了显著提升，极大地降低了成本。技术进步除了工业生产技术本身的进步以及对相应原料作物的优化培育之外，同时也包括对未来新一代燃料乙醇如生物质乙醇生产技术的研发等。可以预见，这些技术成熟所带来的成本降低也将在未来的中国得以实现。①

2016年，中国燃料乙醇产能为271万吨/年，燃料乙醇消费量为260万吨，乙醇汽油占全国汽油消费总量的1/5。根据规划，2020年中国燃料乙醇年利用量将达到1570万吨，考虑到开工率，产能缺口约为1275万吨/年。2017年9月13日，国家发展改革委、国家能源局、财政部等15部委下发了《关于扩大生物燃料乙醇生产和推广使用车用乙醇汽油的实施方案》，提出到2020年，乙醇汽油在全国基本实现全覆盖。以此推算，预计未来3年可累计减少汽油消费3343万吨，相应拉低常规汽油消费增速2.9个百分点，2020年我国燃料乙醇年利用量将达到1570万吨。按目前中国乙醇供应能力，产能缺口约为1275万吨/年。

第二节　科技创新与中国传统能源技术革命

党的十八大以来，在深刻认识"科技决定能源未来、科技创造未来能源"的基础上，我国紧盯国际能源科技创新和产业变革前沿，相继制定实施了一批能源科技创新、装备制造计划。

一、核电等重大专项成为我国能源领域创新驱动发展战略的重要抓手

目前，传统常规能源技术上的改造提升包括："西电东送"过程中

---

① 《用科技实现能源安全》，来源：《中国燃料乙醇产业现状与展望——产业研究白皮书》，见 http://www.cheminfo.gov.cn/UI/Information/Show.aspx?xh=123&tblName=focus。

超高压输变电技术保障；煤炭方面，大力研发洁净煤技术、煤层气技术、型煤技术、煤炭回采技术、煤化工技术、煤电技术，特别今后要努力提高煤炭洁净化；石油方面，研发重点在于以三维地震为代表的新型石油勘探技术、石油储备和输送技术、石油冶炼技术、海洋油气开采技术；此外，天然气输送技术、天然气安全生产技术要继续进行技术攻关。在农村，薪炭林的建设必须放在国家林业建设的整体规划之中。

我国核电领域取得的成果已处于世界领先水平，2017 年 8 月 31 日，科技部召开新闻发布会，介绍了核电专项的进展情况。截至目前，核电专项已形成新产品、新材料、新工艺、新装置等 980 项，申请知识产权 3000 余项，编制各类标准 887 项，培养 41 个创新团队和各类科技人才、青年学术和技术带头人 800 余人，涌现出一批创新领军型人物。

我国核电产业起步较晚，与世界核电强国差距很大。20 世纪 80 年代，我国一方面探索自主设计，另一方面陆续引进了法国、加拿大、俄罗斯和美国的核电技术。秦山核电站一期项目于 1991 年投产，我国成为世界上第七个能自行设计、建造核电厂的国家。1994 年采用法国技术的大亚湾核电站 1 号机组投产，这是我国第一座大型商用核电站。当前中国核电装备制造能力和水平大幅提升，历经三十余年的发展，我国建成并投入运营核电站 38 座，在建核电站 18 座，是名副其实的核电大国。就核裂变而言，核能作为一种清洁能源在中国已经达到比较成熟的阶段，2004 年中国核电的发电量 505 亿千瓦时，上网电量 470 多亿千瓦时。在广东、浙江两省，核电上网电量已占当地总发电量的 13% 以上，核电成为当地电力结构的重要支柱。2007 年 5 月，我国单机容量最大的江苏田湾核电站 1 号机组正式投入商业运行。一期工程建设 2 台单机容量为 106 万千瓦的压水堆核电机组，设计寿命 40 年，年发电量达 140 亿千瓦时。

在发展过程中，我国探索出了一条"引进—消化—吸收—再创新"的核电产业发展之路，并最终依托自主创新打造出具有自主知识产权的"华龙一号"和 CAP1400，CAP1400 型压水堆核电机组是在消化、吸收、全面掌握我国引进的第三代先进核电 AP1000 非能动技术的基础上，通过再创新开发出具有我国自主知识产权、功率更大的非能动大型先进压水堆核电机组。目前我国所建的示范电站位于山东威海市荣成石岛湾厂址，拟建设 2 台 CAP1400 型压水堆核电机组，设计寿命 60 年，单机容量 140 万千瓦。

当前，我们逐步迈入核电强国行列，核电站的压力容器、蒸汽发生器、主管道等一大批重大设备实现了国产化，屏蔽电机主泵、数字仪控系统、爆破阀等核心设备均已完成样机制造，高温堆控制棒驱动机构、燃料装卸料系统等已实现供货。这些成果的取得，显著推动了装备制造企业上台阶、上水平，使我国具备年产 6—8 台套三代核电设备供货能力，三代核电综合国产化率从 2008 年依托项目的 30% 提高到 85% 以上。

此外，核电专项充分发挥了各大核电集团及相关科研院所的技术优势，共同针对反应堆堆芯及安全分析关键技术研究、严重事故机理及现象学研究、核电站关键材料性能研究等共性技术开展深入分析研究，建设了一批国际领先的大型试验台架和试验设施，为我国新型核电机型设计、持续提升核电创新研发能力提供了保障。

通过专项支持，我国三代核电技术水平显著提升，四代核电技术逐步走向世界前列，核电相关装备制造实现升级换代，在实现核电强国目标的道路上，迈出了坚实而厚重的步伐。2018 年 5 月 23 日，中国广核集团对外通报表示，我国自主三代核电"华龙一号"示范项目——中广核防城港核电二期工程 3 号机组穹顶吊装顺利完成，这标志着作为英国"华龙一号"核电项目参考电站的防城港 3 号机组从土建施工阶段全面转入设备安装阶段，为进一步高质量稳步推进工程建设奠定了基础。防城港 3 号机组采用的是中国具有自主知识产权的三代核电技术"华龙一号"，设备国产化率近 90%，满足全面参与国内、国际核电市场竞争要求。英国布拉德维尔 B（BRB）核电站项目将采用"华龙一号"技术，并以广西防城港核电二期项目为参考电站。中广核集团通报表示，目前拟使用在 BRB 项目的"华龙一号"，已进入英国通用设计审查（GDA）的第二阶段审查工作，预计年内将进入第三阶段审查。

以电力输送领域为例，近年来，我国加快了特高压电网的建设力度。2006 年我国首个特高压电网工程——国家电网公司晋东南—南阳—荆门交流特高压试验示范工程在山西长治隆重奠基，这标志着我国百万伏级电压等级的交流特高压电网工程正式进入建设阶段。2007 年 12 月 21 日，四川—上海 ±800 千伏特高压直流输电示范工程在四川宜宾开工，这是目前规划建设的世界上电压等级最高、输送距离最远、容量最大的直流输电工程。我国已全面掌握了特高压直流规划设计、试验研究、设备研制、工程建设和运行管理等关键技术，并在国内国际上全面推广应用，输送容量和输送距离不断提升，先进性、可靠性、经济性和环境友好性得到了全面验证，实现了"中国创造"和"中国引领"。特高压直流输电技术对保障能源安全、推动东西部地区协调发展，具有重要意义。与常规高压直流输电系统相比，特高压直流系统的设备制造技术难度大，特别是换流变压器、平波电抗器、直流套管、换流阀等重要换流设备，需要克服制造技术上的诸多困难。

2018年1月8日，"特高压±800千伏直流输电工程"荣获国家科学技术进步奖特等奖。特高压±800千伏直流输电技术是我国能源电力发展的核心技术，是实施我国大规模跨区域能源优化战略的重大关键技术，具有输电损耗低、输电走廊利用率高的特点。特高压±800千伏直流输电技术极其复杂，国内外没有可借鉴的经验，研发难度极大。国家电网公司等单位联合科研、高校、设备制造等160多家单位协同攻关，完成关键技术研究141项，创造了37项世界第一，攻克了特高电压、特大电流下的绝缘特性、电磁环境、设备研制、试验技术等世界级难题。

2018年5月，新疆油田公司玛湖油区勘探获得了重大进展，重点探井"达18井"在二叠系获重大发现，"014探井"日产突破了百吨。这进一步夯实了玛湖地区10亿吨级大油区的资源基础，对我国原油稳产作用和意义十分重大。在新疆油田玛湖油区的开发现场，两口探井分别在新的沉积获得高产油流和日产百吨的好成绩，更加印证了这一区域10亿吨储量的资源基础，预计2018年整个油区产能将突破100万吨。勘探工作者通过不断创新找油思路，经过二十多年的努力，攻克凹陷区砾岩勘探面临的资源潜力、有效储层、源上成藏和缺乏配套技术四大世界公认难题，发现了世界上最大的砾岩油田。近两年来，玛湖油区已新建产能137万吨，累计产油132.8万吨。今后三年将再建产能400万吨，争取早日建成新的大油田。

在中国当前的能源利用结构中，天然气是可以替代煤炭和石油的相对清洁的常规能源，但其大规模利用必须要以充足储量为支撑。在该领域，中国苏里格大气田的发现，是一项激动人心的丰硕成果。如我国第一个世界级储量的大气田——苏里格大气田的探明为西部大开发战略的龙头工程——西气东输的顺利实施和陕京第二管道的建设提供了重要的气源保证，也为扩大向京津及整个华北地区、东部地区、陕甘宁地区和中原地区的天然气供应奠定了可靠的资源基础，具有重要的战略意义和经济价值。[①]

2011 年，中国国土资源部在全国油气资源战略选区项目中，设置了"全国页岩气资源潜力调查评价及有利区优选"项目，对页岩气资源潜力进行系统评价。结果表明，我国页岩气地质条件复杂，资源类型多、分布相对集中，可采资源潜力为 25 万亿立方米（不含青藏区），与国内陆域常规天然气相当，相当于美国的 24 万亿立方米储量。

目前，中国页岩气勘探开发主要集中在四川盆地及其周缘、鄂尔多斯盆地、辽河东部凹陷等地。当前，国内页岩气勘探开发已获得重大发现，已经完钻近 30 口页岩气探井，18 口井压裂获工业气流，初步掌握页岩气压裂技术，具有良好的前景。目前，我国企业已与壳牌、埃克森美孚等多家外国公司开展合作开发与联合研究。国内相关企业、科研院校成立专门机构，开始研究页岩气生成机理、富集规律、储集和保存条件。石油企业正在探索页岩气水平井钻完井和多段压裂技术。

在页岩气开发方面，中国的页岩气开发技术基本具备，生产技术也已经掌握，但系统成套技术和一些单项配套技术设备方面仍与美国和加拿大存在差距。美、加有成熟的商业化运作模式和技术，值得中国借鉴和学习。中美两国之间的合作已经开始，当前拿到国内页岩气区块资源的国内企业已经与美方进行国际化合作和联合开发。例如，

[①] 《科技撑起中国能源安全》，资料来源：人民网，见 http://www.china.com.cn/chinese/TEC-c/158596.htm。

中海油在美国进行页岩气的开发，还在休斯敦建立了自己的研发基地。壳牌有限公司也于 2012 年 3 月 20 日发布的公告中表示，已经与中国石油集团签署中国首个页岩气产品分成协议，将与中石油共同勘探、开发及生产富顺——永川区块 3500 平方公里内的页岩气。

对于中国来讲，未来发展对能源需求量非常大，单纯的某一种能源很难完全发挥主导作用，多种能源、多种使用方式的结构调整是将来中国能源供给的主要发展方向。中国的国家能源战略原则是安全可靠、环境友好、经济实用。现在清洁可再生能源是一个方向，虽然提倡多元化，但主要还是依靠清洁可再生能源发展，其中最大的问题就是能源的经济性，在对中国发展页岩油气因素的分析中，多数人认为发展的硬条件是基本具备的，但在软环境上存在欠缺。[①]我国页岩气可采资源量约在 31 万亿立方米，与常规天然气相当，与美国的资源储量也基本相当。此外，据美国能源部（EIA）2015 年的估计，中国拥有 1115 万亿立方英尺的页岩气储备。这使得中国成为最大的页岩气储备国，而世界第二大页岩气储备国阿根廷则被远远甩在后面。

二、煤炭的洁净化改造是中国能源安全的必然选择

煤炭对中国而言，无疑是两难选择。一方面是国家能源供给的主体部分，另一方面是大气污染的主要污染源。其实，煤炭是可以清洁利用的能源。采用选煤技术，可脱除煤中 50%—80% 的灰分、30%—40% 的硫分。经济、高效地开发利用我国煤炭资源及其洁净技术瓶颈是中国所面临的巨大挑战之一。

---

① 张抗:《中国页岩油气发展制约因素分析》,《当代石油石化》2012 年第 8 期。

　　洁净煤技术（Clean Coal Technology，CCT）一词来源于美国，1980年列入了能源词汇。在洁净煤技术研究发展领域，国际的研究热点有洁净开采、燃前预处理、环境控制技术、先进的煤炭发电、煤炭洁净转化、煤基多联产技术、废弃物处理和利用、煤层气的开发及利用、二氧化碳固定和利用等技术。[1] 它是针对使用煤炭对环境造成污染所提出的技术对策，是最大限度地利用煤的能源，同时将造成的污染降到最小限度的技术方案。洁净煤技术按其生产和利用的过程分类，大致可分为三类：第一类是在燃烧前的煤炭加工和转化技术，包括煤炭的洗选和加工转化技术，如型煤、水煤浆、煤炭液化、煤炭气化等；第二类是煤炭燃烧技术，主要是洁净煤发电技术，目前国家确定的主要是循环流化床燃烧、增压流化床燃烧、整体煤气化联合循环、超临界机组加脱硫脱硝装置；第三类是燃烧后的烟气脱硫技术，主要有湿式石灰石—石膏法、炉内喷钙法、喷雾干燥法、电子束法、氨法、尾部烟气、海水脱硫等多种，其中石灰石—石膏湿法脱硫是目前世界上技术最为成熟、应用最多的脱硫工艺。

　　在人类活动排放的二氧化碳中，火电厂是最大的集中排放源。所以，控制火电厂二氧化碳的排放，是减少二氧化碳进入大气层最有效的措施。二氧化碳捕捉封存技术也是目前美国、欧盟、澳洲、日本等国之研发重点。美国能源部设定了在 2010 年达到 90% 的二氧化碳捕捉率、99% 的封存性，以及能源消耗增加率低于 10% 的技术目标。我国的电力工业近年发展迅猛，鉴于燃煤发电在目前和未来电力工业中的重要地位，将二氧化碳的捕集与封存技术作为一项战略技术储备，对

①　谢克昌：《煤炭的低碳化转化和利用》，《山西能源与节能》2009 年第 1 期。

我国电力工业可持续发展具有重大意义。中国华能集团早在 2004 年提出旨在实现燃煤发电高效率和二氧化碳零排放的绿色煤电计划。在政府有关部门的支持下，华能联合国内七家能源和投资企业组建绿色煤电有限公司，共同实施绿色煤电计划。

面对国内天然气供应紧张的局面，从开发技术和可开采量来看，煤层气是天然气当前最现实的补充气源。与煤层气类似，页岩气也可代替天然气，但在我国仍处于起步阶段。在寻找天然气替代资源的同时，通过能源之间的转化也能间接实现天然气来源的多元化，特别是煤制天然气近年来就受到了各路资本的追捧，包括产煤地政府、煤炭企业、石化企业，甚至电力企业也加入其中。[①]

煤层气俗称"瓦斯"，其主要成分是甲烷（CH_4），与煤炭伴生、以吸附状态储存于煤层内的非常规天然气。一旦煤层气空气浓度达到 5%—16% 时，遇明火就会爆炸，这是煤矿瓦斯爆炸事故的根源。煤层气直接排放到大气中，其温室效应约为二氧化碳的 21 倍，对生态环境破坏性极强。在采煤之前如果先开采煤层气，煤矿瓦斯爆炸率将降低 70% 到 85%。因此，煤层气的开发利用具有一举多得的功效：提高瓦斯事故防范水平，具有安全效应；有效减排温室气体，产生良好的环保效应；作为一种高效、洁净能源，商业化能产生巨大的经济效益。我国煤层气资源丰富，埋深 2000 米以浅的煤层气资源有 36.81 万亿方，居世界第三位，其中高煤阶中有 8 万亿方。随着国家对煤层气开发的重视，出台了一系列优惠政策，极大地刺激了产业快速发展。"十二五"期间，各煤层气公司加快了产能建设步伐，但低产井的大量出现，极

---

① 《中石油称天然气供应接近极限　专家认为是垄断机制惹的祸》，见 http://finance.ifeng.com/news/special/tianranqihuang/20091122/1492960.shtml。

大减缓了发展速度，仅沁水盆地钻井 8000 余口，平均单井产量也仅为 868 方 / 天。特别是 2015 年以来，伴随天然气价格下浮，煤层气效益空间进一步被压缩，行业发展面临前所未有的挑战。[①]

2016 年 12 月，中共中央总书记、国家主席、中央军委主席习近平对神华宁煤煤制油示范项目建成投产作出重要指示，代表党中央对项目建成投产表示热烈的祝贺，向参与工程建设、生产运行、技术研发的广大科技人员、干部职工表示诚挚的问候。习近平指出，这一重大项目建成投产，对我国增强能源自主保障能力、推动煤炭清洁高效利用、促进民族地区发展具有重大意义，是对能源安全高效清洁低碳发展方式的有益探索，是实施创新驱动发展战略的重要成果。这充分说明，转变经济发展方式、调整经济结构，推进供给侧结构性改革、构建现代产业体系，必须大力推进科技创新，加快推动科技成果向现实生产力转化。习近平希望同志们再接再厉、精益求精，保证项目安全、稳定、清洁运行，不断扩大我国在煤炭加工转化领域的技术和产业优势，加快推进能源生产和消费革命，为实现"两个一百年"奋斗目标、实现中华民族伟大复兴的中国梦作出新的更大的贡献。神华宁煤煤制油示范项目建成投产后年产油品 405 万吨，是目前世界上单套投资规模最大、装置最大、拥有中国自主知识产权的煤炭间接液化示范项目。[②]

而兖矿集团在洁净煤开发利用上又开拓出一条新路：型煤。这是一种将高硫煤、烟煤、末煤等"次煤"经过两次添加剂加工后，变成低硫、无烟、状如麻将的煤块。目前，这种型煤已走进济宁市农村千家万户。

① 朱庆忠：《如何高效经济开发高煤阶煤层气》，《中国能源报》2017 年 3 月 20 日第 4 版。
② 《习近平对神华宁煤煤制油示范项目建成投产作出重要指示强调加快推进能源生产和消费革命 增强我国能源自主保障能力》，《人民日报》2016 年 12 月 29 日。

兖矿集团洁净煤技术路线，首先通过燃烧前对燃煤洁净化处理脱硫降灰，提高燃煤质量，继而采用复合添加剂对燃煤进行改性，实现燃烧过程中多污染物捕集，随后继续利用添加剂实现烟气净化。在提高燃煤利用效率的同时，达到多污染物（二氧化碳、氮氧化物、烟尘、汞等）协同控制的最终目标。资料显示，目前我国每年消费煤炭约38亿吨，其中民用煤炭3亿多吨。尽管民用煤炭占比不足10%，但基本上全部为分散式焚烧，没有采取除尘、脱硫等环保措施，其对大气污染的贡献率约占燃煤源的50%。1吨散煤燃烧排放的污染物量是火电燃煤排放的5—10倍。[①]

总之，煤的洁净和高附加值利用技术是中国发展低碳经济的重要方向。

三、通过科技创新统筹城乡能源的洁净化改造

随着人民生活水平的不断提升，城乡能耗普遍呈上升趋势，在既有条件下，发挥科技创新优势，统筹城乡能源的洁净化改造是一项艰巨的任务。冬季北方城市供暖是中国能源供给的严峻考验。当今，世界各国都将热电联产作为节约能源、改善环境的重要措施，热电联产能有效节约能源，改善城市环境，这已被国内外实践所证明。热电厂就是以热电联产方式运行的火电厂，其主要原理是一方面作为发电厂生产电能，同时又利用汽轮发电机做过功的蒸汽对用户进行供热，是同时生产电、热能的工艺过程，较之分别生产电、热能方式节约燃料。中国部分城市由于实现热电联产集中供热，城市环境明显得以改善。当

---

① 《散煤治理的先行者——兖矿集团洁净煤开发再拓新路》，《中国能源报》2016年12月26日。

然热电联产也有其局限性，只有对城市规划和集中供热区做统筹安排，在热负荷充分保证的条件下，确定合理的建设方案，才能收到良好的综合效益。目前我国热电联产装机容量及增速均已处于世界领先水平，但大部分现役机组尚未达到设计热负荷或最大。

2016 年 3 月，国家发展改革委、国家能源局连续发布《热电联产管理办法》（下称《办法》），对煤电突出问题进行全面调控，在大力调控煤电产能的同时，主管部门更希望看到热电联产的重大发展，甚至将其视为解决煤电产能过剩的一个重要突破口。《办法》提出"力争实现北方大中型以上城市热电联产集中供热率达到 60% 以上，20 万人口以上县城热电联产全覆盖"的发展目标，规定规划建设燃气—蒸汽联合循环热电联产项目应以热电联产规划为依据，供工业用汽型联合循环项目全年热电比不低于 40%；鼓励规划建设天然气分布式能源项目，采用热电冷三联供技术实现能源梯级利用，能源综合利用效率不低于 70%。

近年来，地源热泵技术成为中国建筑能源领域重要的科技创新点。地源热泵是一种利用地下浅层地热资源（也称地能，包括地下水、土壤或地表水等）的既可供热又可制冷的高效节能空调系统。地源热泵通过输入少量的高品位能源（如电能），实现低温位热能向高温位转移。地能分别在冬季作为热泵供暖的热源和夏季空调的冷源，即在冬季，把地能中的热取出来，提高温度后，供给室内采暖；夏季，把室内的热量取出来，释放到地能中去。由于系统只需消耗少量的高品位能源（如电能），就能获得高于输入能量数倍的热能效果，地源热泵系统是一种高效、环保、节能的冷热源系统。[1] 中国地源热泵工程应用从起步到快

---

[1]　王峥、孙大明：《住宅中地源热泵适用性探讨》，《住宅产业》2009 年第 21 期。

速发展只用了十余年时间，已经形成集设备生产、材料供应、系统设计和工程安装为一体的完整产业链。尤其自 2004 年以来，中国地源热泵市场规模年增长率超过 30%。当然，目前地源热泵的基本技术适用范围为黄河和长江流域，在冬季十分严寒的东北地区尚有其应用的局限性。2010 年，我国浅层地热能年利用量已高居全球第二，2015 年更一跃成为世界浅层地热能利用量最大的国家。截至 2016 年年底，全国地源热泵及地热利用面积累计近 5 亿平方米。

　　中国农村的广大地区尚处于生产力落后和生活水平比较低下的阶段，特别是相当一部分地区能源利用水平处于薪柴阶段，因此对于农村现有能源的洁净化改造是中国能源安全必须面对的现实问题，也是社会主义新农村建设的基本内容。目前，国内外对秸秆燃料技术已有很多研究。美国正在研究秸秆致密成型和炭化技术。美国建有 9 个生产能力 250 吨 / 每天的生产厂，另有 16 州兴建了日产量为 300 吨的树皮成型燃料加工厂。欧盟各国建立了 600 多座大中型沼气工程，其中绝大多数可用于秸秆产生沼气。中国国内秸秆固化成型技术的研制与开发也有 10 余年的历史，利用各种农林废弃物生产出来的大块、棒状和颗粒燃料已逐步应用到农村生活和农业生产的各个方面，甚至已渗入城市用能和商业发电领域。但是，相对于千家万户的小农，这些技术的产业化面临着秸秆产量规模小以及相对农户收入价格过高的问题。因此，开发适合农户使用的简易、经济、小型的秸秆固化成型设备，在政府支持下，通过小规模的试点示范，以探索出推广应用经验，为今后大规模的推广应用奠定基础。在石油、煤炭等石化能源价格不断上涨的今天，秸秆能源技术的开发必将改善农村的用能结构，对农村生态环境和农民生活质量的提高大有益处。[①]

在中国农村地区，沼气生物质能源的开发利用，以投入消耗减量化、物质再生循环化、资源利用最大化为原则，是保护和改善农业生态环境，促进农业经济良性循环和推动社会进步的战略性措施，可实现生态、经济和社会效益的统一。沼气（Marsh Gas）来源于生物质能，是可再生能源，沼气是有机物质在厌氧的环境中，在一定的温度，湿度和酸碱度的条件下，通过微生物发酵后产生的一种可燃气体，又称为生物气（Biogas）。沼气的主要成分是甲烷（占60%），可以直接炊事、照明，还可以供热、烘干、贮粮（果）、保鲜。沼气将逐渐成为当代农村的重要能源，正在替代农村传统能源，是未来现代农村的主体能源形式之一。[②]

笔者曾经到河北省三河市高楼镇小崔各庄村进行过专题调研，该村180户村民于2009年10月开始使用管道沼气，结束了以往以使用秸秆、煤等为主要生活能源的历史，据村民反映用这种沼气价廉、清洁、方便，粗略计算显示：如果使用液化气烧水做饭，一般四口之家每月要用一罐气，大致是70—90元，全年需要840—1080元；现在改用沼气，每月大致30—40元，全年消费仅400—500元。可见在中国广大农村地区，沼气的开发条件已经基本成熟，具备大规模推广的条件，今后科研的重点要关注沼气在一些气候条件相对恶劣的地区如国内高寒地带的开发利用。

2017年3月，国家发展改革委和农业部联合印发了《全国农村沼

---

　　① 李秀峰、徐晓刚、刘利亚：《我国农村秸秆能源消费及其预测》，《生态经济》2009年第1期。

　　② 张颖：《开发利用农村生物质能源实现农业经济良性循环——浅析沼气开发利用的效应》，《生态经济》2009年第1期。

气发展"十三五"规划》，提出"十三五"期间，要投资 500 亿元发展沼气工程。发展重点是利用农作物秸秆（主要包括玉米、水稻、小麦、豆类、薯类等作物秸秆）、畜禽粪便（主要包括奶牛、肉牛、生猪、肉鸡、蛋鸡等畜禽的粪便）、其他有机废弃物（主要包括农产品加工副产物、蔬菜尾菜、农村有机生活垃圾等），重点发展规模化生物天然气和规模化大型沼气工程建设，大力推动果（菜、茶）沼畜种养循环发展。支持对象包括企业和合作社、家庭农场和农户，其中鼓励有实力的企业积极建设沼气工程。新建规模化生物天然气工程 172 个；新建规模化大型沼气工程 3150 个；新建中小型沼气工程 25500 个；认定果（菜、茶）沼畜循环农业基地 1000 个。

第三节　科技创新与中国新能源技术革命

当前以绿色、环保为特征的新能源在中国能源市场中所占份额较低，但就长远战略而言，推动绿色、环保的新能源技术创新是中国能源科技创新的根本举措。

一、从根本解决中国能源安全的科研攻关方向——氢能的常规化应用

按能源的化学分析式分类，汽、柴油属于高碳的化石燃料，醇类、二甲醚，天然气属于次高碳燃料，生物质能属于中低碳类燃料，氢和电则属于低碳燃料。可以看出，氢能将是今后脱碳型燃料的一个重要选择。因此，推动以氢能为代表的绿色、环保的新能源技术创新是构建中国低碳能源安全模式的根本举措。

氢能在 21 世纪有可能在世界能源舞台上成为一种举足轻重的二次能源。化学元素氢（H—Hydrogen），在元素周期表中位于第一位，它是所有原子中最细小的。众所周知，氢原子与氧原子化合成水，但氢通常的单质形态是氢气（H_2），它是无色无味，极易燃烧的双原子的气体。氢是宇宙中最常见的元素，氢及其同位素占到了太阳总质量的84%，宇宙质量的 75% 都是氢。它是一种极为优越的新能源，其主要优点有：燃烧热值高，每千克氢燃烧后的热量，约为汽油的 2.8 倍，酒精的 3.9 倍，焦炭的 4.5 倍。燃烧的产物是水，是世界上最干净的能源。同时资源丰富，氢气可以由水制取，而水是地球上最为丰富的资源。

当前人类掌握的利用氢能的技术中，热核反应是氢弹爆炸的基础，可在瞬间产生大量热能，但目前尚无法加以利用。如能使热核反应在一定约束区域内，根据人们的意图有控制地产生与进行，即可实现受控热核反应，而受控热核反应是聚变反应堆的基础。核聚变反应堆一旦成功，则可能向人类提供最清洁而又取之不尽的能源。这正是目前在进行国际试验研究的重大科研课题。

在核聚变反应堆里，氢同位素重氢和超重氢等原子聚合后，变成更重的原子。这和通过分裂而释放能量的核裂变截然不同，人们需要进行许多实验来了解有关反应的特性。此外，要在地球上使用受控的核聚变反应堆，就必须把气体加热到超过 1 亿摄氏度。这在工程和材料上的挑战将非常艰巨。有关科学家设想兴建一个圆环型的磁力悬浮实验室，把聚合反应堆放在里面。科学家预计，即使将有关设施建好以后，核聚变研究也需要几十年的时间才能获得成果，而实现核聚变的商业化运作也尚需时日。国际热核实验反应堆（ITER）计划也被称为"人造太阳"计划。1985 年，在美、苏首脑的倡议和国际原子能机构（IAEA）

的赞同下，重大国际科技合作计划 ITER（International Thermonuclear Experimental Reactor）得以确立，其目标是要建造一个可自持燃烧（即"点火"）的核聚变实验堆，验证聚变反应堆的工程可行性。ITER 计划立于 IAEA 之外，最初由俄、日、美、欧四方共同承建。2003 年 2，在圣彼得堡召开的"ITER 第八次政府间谈判会"上，中国宣布作全权独立成员加入该计划谈判。这意味着中国承诺承担 ITER 工程总价 100 亿欧元的 10%，并享受全部窗体顶端知识产权。2006 年 5 月 24 日，在欧盟总部布鲁塞尔，中国、欧盟、美国、韩国、日本、俄罗斯和印度 7 方代表共同草签了《成立国际组织联合实施 ITER 计划的协定》，这标志着我国实质上参加了这一计划。

国际空间站研究、欧洲加速器、人类基因组测序研究等项目一样，国际热核计划也是一个大型的国际科技合作项目。该计划将历时 35 年，总投资额近百亿欧元，这也是中国参加的规模最大的国际合作项目。

2007 年 3 月 1 日，中国新一代"人造太阳"实验装置——全超导非圆截面核聚变实验装置（EAST），在合肥顺利通过了国家发改委组织的国家竣工验收。该装置具有完整的自主知识产权，目前处于国际同类装置领先水平，为中国全面参与即将建设的国际热核聚变实验堆（ITER）计划创造了良好的条件。2016 年 1 月底，中科院合肥物质科学研究院等离子体所承担的大科学工程"人造太阳"实验装置（EAST）的实验中，成功实现了电子温度超过 5000 万度、持续时间达 102 秒的超高温长脉冲等离子体放电，这是国际托卡马克实验装置在电子温度达到 5000 万度时，持续时间最长的等离子体放电。专家们介绍，这一重大成果展示了 EAST 作为超导装置在较高参数下开展稳态实验研究的特长和能力，标志着中国在稳态磁约束聚变研究方面继续走在国际前列。

随着化石燃料耗量的日益增加，其储量日益减少，终有一天这些资源将要枯竭，这就迫切需要寻找一种不依赖化石燃料的、储量丰富的新的含能体能源。氢能正是一种在常规能源危机出现、在开发新的二次能源的同时人们期待的新的二次能源。目前，氢能技术在美国、日本、欧盟等国家和地区已进入系统实施阶段。美国政府已明确提出氢计划，宣布今后 4 年政府将拨款 17 亿美元支持氢能开发。美国计划到 2040 年美国每天将减少使用 1100 万桶石油，这个数字正是现在美国每天的石油进口量。

随着氢能源的综合优势更多地被人们认识，针对氢能源的科研受到各国的普遍重视。但正如许多国内能源专家所指出的，氢能源要真正成为世界的替代能源，像第一代能源煤炭、第二代能源石油大规模"登场"至少是 20—30 年以后的事了。而我国在这最重要的 30 年时间里，迫切需要一种技术成熟、经济性好、污染排放介于石油天然气和氢能之间、环境可以承受的燃料。国内能源专家指出二甲醚（Dimethyl Ether，DME），是一种无色、无毒、环境友好的化合物，可以作为当前相对清洁的过渡性能源替代产品。二甲醚可以用天然气和煤作为原料来生产，对我国来说，由于煤储藏量十分丰富，以煤得到二甲醚是主要途径。制备二甲醚的原料有很多来源：煤、天然气、石油炼制中的渣油、石油焦、生物质或其他碳氢化合物等都可以作为其原料。二甲醚燃料对于中国未来能源战略的重要意义，不仅仅在于它的资源优势和环保特性，可以在保证我国能源安全的同时，将环境危害降到极低，二甲醚不仅是我国能源系统跨越式发展的重要内容，还是我国未来能源技术赶超世界先进水平、跨越式发展的最有前途的领域。[①]

由于近年来城镇化建设速度加快，天然气价格亦被大多数居民所接受，天然气使用量猛增，二甲醚及液化气使用占比大幅锐减。实际上，二甲醚具有优良的燃料性能，方便、清洁、十六烷值高、动力性能好、污染少、稍加压即为液体易贮存，作为车用柴油的替代燃料，有液化气、天然气、甲醇、乙醇等不可比拟的综合优势。目前，车用燃料市场是一个极大的市场，国外二甲醚汽车市场已经研发成熟，国内二甲醚生产企业遍布全国各个省市，且供应量充足，二甲醚车用燃料市场的开发具有先天优势。

目前，燃料电池是对氢的理想转化装置，是氢能利用的关键技术。燃料电池处于新能源研发的前沿领域，燃料电池被称为继水电、火电和核电之后能持续产生电力的第四种连续发电方式，有着传统的火力发电难以比拟的诸多技术上的优点。火力发电的效率一般在30%—40%之间，主要原因在于汽轮机等效率不高，绝热膨胀之后排出的废气仍含有相当的热量。燃料电池是将所供燃料的化学能直接变换为电能的一种能量转换装置，是通过连续供给燃料从而能连续获得电力的发电装置，而不是简单地把还原剂、氧化剂物质全部贮藏在电池内。因此，燃料电池的能量转化率很高，可达70%以上，是名副其实地把能源中燃料反应的化学能直接转化为电能的"能量转换器"。氢氧燃料电池除了具有能量转化率高、可持续使用的优点外，还由于整个能量转换过程中没有燃烧，其燃烧产物为水，二氧化碳的排放量比常规火电减少40%—60%，氮氧化物和硫氧化物的排放量更低，比火电减少90%以

---

① 倪维斗、靳晖、李政、郑洪弢：《二甲醚经济：解决中国能源与环境问题的重大关键》，《煤化工》2003年第4期。

上，因此是一种不污染环境的绿色能源供给方式。中国目前在燃料电池领域已经取得了许多进展，并且进入了初步试用阶段。

伴随着汽车工业的发展，交通用能迅速增加，已在总能量需求中占 30% 的比例。汽车交通用能大量消耗液体燃料，加剧了宝贵石油资源的快速消耗。每燃烧 1 升汽油，要释放出 2.2 公斤二氧化碳。然而，汽车在交通运输过程中汽油的总能量利用效率并不高，仅为 0.3%—0.5%。新能源汽车，包括替代能源汽车的研发和应用，总体来说要向低能耗、低污染、低排放的低碳型汽车方向发展。

世界各国如冰岛、中国、德国、日本和美国等已在氢能交通工具的商业化方面展开了激烈的竞争。虽然其他利用形式是可能的（例如取暖、烹饪、发电、航行器、机车），但氢能在小汽车、卡车、公共汽车、出租车、摩托车和商业船上的应用已经成为焦点。以氢气代替汽油作汽车发动机的燃料，已经过日本、美国、德国等许多汽车公司的试验，技术是可行的，目前主要是廉价氢的来源问题。氢能汽车比汽油汽车总的燃料利用效率可高 20%。当然，氢的燃烧主要生成物是水，只有极少的氮氧化物，绝对没有汽油燃烧时产生的一氧化碳、二氧化碳和二氧化硫等污染环境的有害成分，所以氢能汽车是值得推崇的最清洁的理想交通工具。

自 2001 年起，联合国政府在发展更清洁、更廉价和更具有可靠性的能源方面的投资超过了 120 亿美元。美国也在研发石油与汽油替代品领域加大投资力度，包括先进的车用电池、生物柴油和氢燃料电池。这些新科技可以在价格合理的基础上提供可靠的能源供给。

中国对氢燃料电池研发和应用的重要基地设在上海，包括上汽、上海神力、同济大学等企业、高校，一直在从事研发氢燃料电池和氢能车辆。随着中国经济的快速发展，汽车工业已经成为中国的支柱产业之一。2007 年中国已成为世界第三大汽车生产国和第二大汽车市场。与此同时，汽车燃油消耗也达到 8000 万吨，约占中国石油总需求量的 1/4。在能源供应日益紧张的今天，发展新能源汽车已迫在眉睫。用氢能作为汽车的燃料无疑是最佳选择。氢的能量密度是油的两至三倍，是人类的终极能源。《中国氢能产业基础设施发展蓝皮书（2016）》预计，到 2020 年，我国燃料电池车辆达到 1 万辆，到 2030 年，燃料电池车辆保有量达到 200 万辆。届时，中国有望成为全球最大的燃料电池汽车市场。到 2030 年，我国氢能汽车产业产值有望突破万亿元大关。相比一般电动汽车受电池储存能量、充电时间、续驶里程等限制，氢燃料电池汽车只需要几分钟，加一次氢续驶里程可达 500—700 公里。当前我国燃料电池汽车发展现状：初步掌握了燃料电池电堆及其关键材料、动力系统、整车集成和氢能基础设施的核心技术，基本建立了具有自主知识产权的燃料电池汽车动力系统技术平台，培育了一批从事燃料电池及关键零部件研发生产企业，初步形成了以大学研究院为主，骨干企业参与，涵盖制氢、储氢、输氢及燃料电池技术的研发体系及生产制造能力，实现了百辆级动力系统与整车的生产能力，开启了中国燃料电池汽车商业化进程。

二、中国进行能源转换的重要方向和有益尝试——生物质能、风能及其他可替代能源

中国能源系统是一个十分庞大、复杂的系统，应从能源、转化、输送、终端用户一体化的角度来研究再生能源的战略定位和合理配置。分散能源应因地制宜地尽量分散利用，尤其是对具有分散、能源强度

低特点的可再生能源，更应该以面向终端应用为导向。当前，国内在生物质能、风能、太阳能、潮汐能、地热能等能源的应用和开发上已经取得重大进展，也成为今后中国能源领域的重要发展方向，同时具备了一定的可操作性。

生物质能的主要利用方式是发电、供热和生产液体燃料。生物质发电技术已经比较成熟，主要有直燃、混燃、气化、沼气、垃圾填埋气发电等技术。在发展生物质能源方面，因其与关系民生的粮食问题有着密切关联尚存在一些争议。通常，不同国家的原料选择都是本着"因地制宜"的原则，选取廉价而丰富的作物作为燃料乙醇的首选原料，如巴西的甘蔗、美国的玉米等。中国的燃料乙醇发展初期，为了消化部分陈化玉米和小麦，选取了玉米和小麦为主要原料。为此，中国发改委已经作出了"非粮为主"的指示，未来燃料乙醇产业的健康发展需要对原料作出科学合理的规划。[1] 到 2008 年年底，全国生物质发电装机容量约 315 万千瓦，主要是蔗渣发电和垃圾发电。利用农林废弃物的生物质发电项目自 2006 年开始迅速发展，但是已经遇到收集半径过大、原料价格偏高等。

与这一要求相适应，贵州小油桐种植正拓宽出生物质能源的新天地，也为中国因地制宜发展生物质能源提供了典型案例。2004 年年初，贵州省正式立项：从小油桐中提炼生物柴油。小油桐学名麻风树，是一种耐干旱、抗贫瘠的灌木或小乔木。种植 3 年后进入丰产期，采果期 20 年左右，叶、茎、果均可入药，种子含油率为 35%—38%，种仁含油率高达 50%—62%，是最适合用于提取生物柴油的树种之一，还

---

① 《用科技实现能源安全》，来源：《中国燃料乙醇产业现状与展望——产业研究白皮书》，见 http://www.cheminfo.gov.cn/UI/Information/Show.aspx?xh=123&tblName=focus。

可得到甘油、饲料、有机肥料、生物医药等大量副产品。贵州石漠化严重，而小油桐生命力极强，可以在沙石地等贫瘠的土地上生长，不占用耕地，不与人争粮，不与粮争地。而且贵州2006年耗油约230万吨，其中柴油150多万吨，全部从省外买进。按规划，贵州适宜种小油桐的面积约600万亩，可建成年产10万—20万吨生物柴油生产线8条，形成年产100万吨生物柴油的规模，可满足贵州省绝大部分柴油需求，其产值达到100多亿元，能带动100多万农民就业，农民种植每年人均增收约2000多元。小油桐种植要充分考虑农民利益，不断提高小油桐果实收购价，提高小油桐果实产量和含油率。当然，生物柴油生产过程中一定要注意环保问题，做好污染处理，一旦被污染，将得不偿失。[①]

当前，陈化粮食将作为中国燃料乙醇的主要原料。截至2017年7月末，中国玉米库存量高达2.6亿吨，远超中国一年的玉米消费量，玉米去库存势在必行。按3.3吨玉米生产1吨乙醇估算，仅用一半库存玉米，即可生产乙醇近4000万吨。按照交通燃料全部使用乙醇汽油测算，未来3年燃料乙醇将累计替代常规汽油3343万吨，足以支持2020年前乙醇汽油的发展需求。从长期看，发展纤维素乙醇技术是必然趋势，中国每年可利用的秸秆和林业废弃物超过4亿吨，若30%被利用，就可生产燃料乙醇2000万吨。

目前对一次能源——太阳能的应用比较广泛，但太阳能发电成本高、效率低，一直是制约对其加以利用的瓶颈。太阳能发展的主要方向是光伏发电、热发电和热利用。2008年是太阳能发电创纪录的一年，全球新增装机660多万千瓦，超过了核电新增装机，与2007年相比增

---

① 汪志球：《油桐拓宽能源新天地（关注）——全国政协联合调研组考察贵州小油桐生物柴油项目纪实》，《人民日报》2007年8月24日。

长了97%，累计装机超过1600万千瓦。德国在光伏发电装机总量上一直处于世界领先地位，但西班牙在2008年超过德国成为世界第一。2008年西班牙新增光伏发电装机260万千瓦，约占世界当年增加量的40%以上。此外，日本、意大利也是光伏使用大国。2007年9月，中国科技大学太阳能研究院的陈应天教授及其团队经过艰苦攻关，研制成功了数倍聚光跟踪光伏发电系统，能使太阳能光伏发电成本在太阳资源一类地区比传统平板固定式降低1倍。使用这一技术，经国家发改委立项批准、由内蒙古伊泰煤炭集团投资的205千瓦数倍聚光跟踪光伏发电沙漠示范电站在鄂尔多斯市郊建成。2000年，我国光伏组件的生产能力不到1万千瓦，2008年太阳能电池生产量已经达到了260万千瓦，居世界第一位。在太阳能热利用方面，目前应用最广泛的技术是太阳能热水器。到2008年，我国累计保有太阳能热水器总集热面积约1.3亿平方米，年生产能力3000万平方米，使用量和年产量均占世界总量的一半以上，位居世界第一。根据中国国家能源局2017年统计数据显示，2017年中国光伏发电新增装机53.06GW，其中，光伏电站33.62GW，同比增长11%；分布式光伏19.44GW，同比增长3.7倍。截至2017年12月底，全国光伏发电累计装机达到130.25GW，其中光伏电站100.59GW，分布式光伏29.66GW。

近年来，我国政府大力扶持可再生能源开发利用，为光伏全产业链发展提供良好政策环境，中国光伏技术世界领先。诸多数据表明，我国光伏产业制造端生产规模和应用端市场规模连续多年同步提升。从生产规模上看，2017年我国多晶硅、硅片、电池片、组件产量分别较上年增长24.7%、39%、33.3%和43.3%。从市场规模上看，2017年我国光伏新增装机量较上年增长53.5%，远超全球37%的增速，连续

5 年位居世界第一；累计装机达到 130GW，连续 3 年全球居首。综合"十三五"规划及各方预测数据，2018 年我国光伏新增装机水平预计约为 45GW，在全球预计约 100GW 的新增装机量中占比高达 45%。

风能作为一种清洁的可再生能源，也越来越受到世界各国的重视。风力发电技术从 1980 年开始逐渐发展起来，20 世纪 90 年代中期欧盟进入风电规模化阶段，而后美国，以及中国、印度都先后进入了规模发展阶段。当前，并网型风机正朝着大型化的方向发展，单机容量 1 兆瓦以上的风机已经成为主导产品，5 兆瓦的风机已经投产，更大容量的也在研发之中。风力发电在可再生能源的开发利用中技术最成熟，最具商业化和规模化发展前景。风能的开发可以有效缓解我国的能源供应紧张局面，这已经成为共识。中国的风能资源居世界首位，仅陆上可开发的装机容量就达 2.5 亿千瓦，且商业化、规模化的潜力很大。但是，风能发电设备国产化水平低是中国风电业界公认的风电产业化阻碍因素之一。2007 年 6 月，国务院审议通过了《可再生能源中长期发展规划》，这是风能发展又一重大"利好"。根据规划，2010 年中国风电装机要达到 500 万千瓦，2020 年要达到 3000 万千瓦。

2007 年 3 月，由大连重工・起重集团研制的国内首套 1.5 兆瓦级 13 台风电机组，一次性连续 500 小时无故障试运行并网发电。大连重工・起重集团已成为国内率先实现大功率风电设备国产化、专业化和批量化生产的企业。2008 年，我国有三家企业的风电整机年吊装机组超过了 100 万千瓦，形成了可与国际大公司竞争的态势。就单机产品而言，1.5MW 单机容量的机型日渐成熟，开始主导市场，2.5MW 和 3MW 机组陆续下线投放市场。特别是具有自主知识产权的 3MW 海上机组顺利安装在上海东海大桥海上风电场，表明我国风电装备制造能力和水平达到了新的高度。

　　同时，综合利用风力发电方面仍需借助科研技术加以进一步解决。清华大学倪维斗等专家创造性地提出了风电与煤基甲醇生产的集成系统。目前以煤基甲醇／二甲醚来生产烯烃和丙烯是缓解石油进口的一个重要技术路线，但要排放大量的二氧化碳，而目前我国风力发电得到迅速发展，风电的消化利用是个难题。利用非并网风电电解水产生氧气和氢气，氧气作为气化介质送入气化炉，氢气作为部分甲醇原料气与气化炉生产的富碳合成气掺混，并调整至甲醇生产的合适比例。该系统可以省略昂贵且高能耗的空分装置，并有效降低二氧化碳排放。风电和煤基甲醇生产集成的系统是一个多赢的能源系统，其主要优势充分合理地利用了大规模的风电，通过集成大甲醇、大风电项目，有效地解决风电上网难和备用等问题。[①]

　　中国目前新能源主要为风能、太阳能发电，虽然对其投资巨大（居世界首位），但真正上网的商业发电量却远低于预期值，在 2010 年仅占能源消费量约 0.5%。因而即便将其计入一次电力，占能源的份额也仅为 7.8%。2012 年，我国风电并网装机容量为 6266 万千瓦，全年发电量 1008 亿千瓦时，占比约 2.0%。2017 年，新增并网风电装机 1503万千瓦，累计并网装机容量达到 1.64 亿千瓦，占全部发电装机容量的9.2%。风电年发电量 3057 亿千瓦时，占全部发电量的 4.8%，比重比2016 年提高 0.7 个百分点。中国风电不仅在发展速度上领跑世界，而且在发展质量和产业升级方面，也引领着全球风电行业的新航向。中国风电行业在国际上创新提出了"低风速"概念，主动向中东部和南方

---

　　① 倪维斗、高健、陈贞、李政：《用风电和现代煤化工的集成系统生产"绿色"甲醇／二甲醚》，《中国煤炭》2008 年第 12 期。

等接近负荷中心的地区进行产业布局。伴随低风速技术的成熟，之前不具备开发价值的低风速地区正成为风电产业的热土。以此计算，中东部和南部地区风速在 5 米 / 秒以上达到经济开发价值的风资源储量接近 9 亿千瓦。

因此，与新能源的广泛利用的是智能电网的研发利用和能源利用高层面的智能新能源——泛能网的提出。

智能电网（Smart Power Grids），就是电网的智能化，也被称为"电网 2.0"，它是建立在集成的、高速双向通信网络的基础上，通过先进的传感和测量技术、先进的设备技术、先进的控制方法以及先进的决策支持系统技术的应用，实现电网的可靠、安全、经济、高效、环境友好和使用安全的目标，其主要特征包括自愈、激励和包括用户、抵御攻击、提供满足 21 世纪用户需求的电能质量、容许各种不同发电形式的接入、启动电力市场以及资产的优化高效运行。泛能网就是根据客户能源特点，以自主创新的清洁能源技术为依托，并借助 IT 互联网技术，为能源生产与应用客户提供智能平台和能源解决方案。该方案构建了基于能源生产、储运、应用和再生四环节的信息和能量循环回路。形成能量输入和输出跨时域的实时协同，实现系统生命周期的最优化和能量的增效，能效控制系统对各能量流进行供需转换匹配，梯级利用、时空优化，以达到系统能效最大化。最终输出一种自组织的高度有序的高效智能能源。

三、新能源替代技术喷薄欲出

除了对上述各种能源的应用和开发外，为缓解能源紧张和应对未来可能出现的能源危机，还应另辟蹊径，积极寻找替代能源。"可燃冰"是石油、天然气之后最佳的替代能源，一些发达国家将利用该能源的时间表定在2015年。中国在"可燃冰"的研究和勘探方面起步较晚，但近年来进展很快。中国历时9年海上勘察，累计投入5亿元，于2007年5月1日在南海北部钻取"可燃冰"首次采样成功，证实了南海北部蕴藏有丰富的天然气水合物资源，标志着中国天然气水合物调查研究水平一举步入世界先进行列。中国成为继美国、日本、印度之后第四个通过国家级研发计划采到水合物实物样品的国家。初步预测，南海北部陆坡天然气水合物远景资源量可达上百亿吨油当量。更令人欣喜的是，和世界上已经发现的"可燃冰"相比，中国此次发现的"可燃冰"纯度很高，燃烧后几乎没有任何污染，开采成本也相对较低。

自20世纪60年代以来，人们陆续在冻土带和海洋深处发现了可燃冰，对其物理和化学性质，特别是能量密度高、绿色环保等特点有了深入的认知，对其庞大的储量进行了准确预测和成功勘察、验证。在国际上，可燃冰早已被公认是煤、石油等的替代能源，是世界重要的战略资源。

可燃冰开采是一项世界性难题，这是由其成矿原理和物理、化学性质决定的。天然气水合物是在高压、低温的条件下形成的。一旦失压，或者温度升高，就会变成气体，体积急剧增大160多倍。在海底，天然气水合物赋存于泥质粉砂中。一旦钻孔密封不好，大量海水灌入，可能造成更大范围内的失稳，大量的温室气体逸出，甚至引发海底滑坡和更大的灾害。在冻土、泥沙中，天然气水合物因为混合了砂砾，开采过程中一旦出砂将很难处理。天然气水合物一旦开采出来，如果管道密封保护不好，甲烷气体就会逸出。可燃冰开采的核心难点在于有序、可控，不发生地质等次生灾害。实践上也印证了这一点。2013年，日本在其南海海槽进行了海上可燃冰试采，但因出砂等技术问题而失败。2017 年，日本在同一海域进行第二次试采，很快又因出砂问题而再次中止产气。

即使解决了开采技术性问题，可燃冰作为新型绿色能源，其成本的相对竞争力也是制约开发利用的重要因素，就是说，相对于煤炭、石油、天然气等传统化石能源，可燃冰只有在解决了"大规模开采得出来"的基础上，将开采、运输等综合成本降到与传统化石能源相当，才具有进入现有能源体系，实现能源结构变革。

2017 年 5 月中旬，经过二十多年的努力，中国能源科技工作者和工程人员，不仅实现了可燃冰勘察技术的一个又一个突破，成功进行了海域和陆域可燃冰的取样，而且初步攻克海域可燃冰的开采难关，在南海上，将这种"沉睡"上万年的绿色能源用中国自主研发的技术和装备安全试开采出来。

此次试开采经过 60 天持续产气和现场测试，累计产气量近 31 万立方米，平均日产超 5000 立方米，甲烷含量最高达 99.5%，创下了产气时长和总量的两项世界纪录。特别值得一提的是，试开采经受住了今年第 2 号台风"苗柏"的严峻考验，在台风中心最大风力 11 级、浪高 6.5米的恶劣环境下，试采团队采取有力措施积极应对，生产过程未受影响，产气过程平稳。试采的成功一举把中国可燃冰开采技术和能力推向当今世界最先进水平。在本次南海可燃冰试采成功之际，中共中央、国务院向全体参研参试单位和人员发去贺电，称赞我国在可燃冰领域实现了历史性突破，试开采成功是中国人民勇攀世界科技高峰的又一标志性成就，对推动能源生产和消费革命具有重要而深远的影响。

据中国地质调查局副总工程师、南海可燃冰试采现场指挥部指挥长叶建良介绍，为保障试采可燃冰成功，试采团队实现了6大技术体系、20项关键技术自主创新。其中，"地层流体抽取法"是最重要的创新技术之一，该技术由本次可燃冰试采工程首席科学家卢海龙在国际上提出并实施。地层流体抽取法以可燃冰的物性和在自然界的产出特征为基础，针对可燃冰开发面临的储层沉积物易出砂、低渗等问题提出，在储层和井壁稳定允许的降压幅度下，通过储层改造等方法，加大储层流体抽取量，从而达到长期、高效、安全开采可燃冰的目的。

绿色能源还须绿色开采。南海可燃冰试开采的历程同时也是全面实施环境检测的过程，试采团队针对可燃冰开采开发了相应的海洋环境监测技术，包括多学科多手段环境评价、立体环境监测和井下原位实时测量技术。此外，在试采环境安全防控方面，团队建立了可燃冰环境效应评价技术方法，获得试采前环境本底数据；构建了大气、海水、海底、井下"四位一体"的立体环境监测网，实现了对温度、压力、甲烷浓度及海底稳定性参数实时监测及安全预警。

试采成功，国产装备功不可没。据叶建良介绍，由于可燃冰开采的特殊性，常规海洋开发装备材料无法直接应用，这就要求试采团队自主研发可燃冰专用的装备、管材、特殊材料等。据国土资源部中国地质调查局副局长李金发介绍，此次试采实现了诸多重大技术装备自主创新，包括适合试采储层特点的防砂筛管及适用于实时监测海底形变的地震监测仪，还研发了可燃冰保温保压取样器、海底可控源电磁探测系统、天然气水合物试采大型模拟实验装置。其中特别值得一提的是，自主设计建造的超深水半潜式钻井平台蓝鲸一号，它是中国研制成功的世界最大、钻井深度最深的海上钻井平台之一，拥有高效的双钻塔系统。该平台当仁不让地承担了中国可燃冰首次试采重担，并表现出优异的性能，尤其在对抗台风等海上恶劣气象条件的环境下。

　　试采成功表明，中国实现了海域可燃冰开发理论、技术、工程和装备的自主创新，但这只是一个新的开始。下一步，不同类型天然气水合物试采工作将逐步展开，这就要求研发适应不同类型特点的试采工艺和技术装备，建立适合中国资源特点的开发技术体系。

　　试采成功之后，中国可燃冰开发呈现加快发展势头。就在南海可燃冰试采焰火缓缓熄灭，第一口试开采井封井之后约1个月，蓝鲸一号姊妹船蓝鲸二号建造完成，并成功进行了首航。该船刷新了蓝鲸一号保持的多项性能纪录，无疑将成为中国可燃冰开发的又一利器。近日，国务院批准可燃冰为我国第173个独立矿种。

　　国土资源部矿产资源储量司司长鞠建华表示，此举将极大地促使中国天然气水合物勘探开发工作进入新的发展阶段。国土资源部将研究制定可燃冰资源勘察开发规划，建立技术标准规范体系，加强资源管理和政策支持，推动可燃冰资源勘察开采工作快速发展。未来国家的政策方向直指可燃冰商业化开发。比如，将可燃冰开发纳入战略新兴产业目录，会同有关部门在税收优惠、价格补贴等方面制定出台扶持政策，提升企业积极性，鼓励和引导企业有序进入天然气水合物勘察开发领域。此举将增强可燃冰作为新能源的市场竞争能力，增强市场主体进入该领域的商业动力。再比如，加强与可燃冰有关的重大科学问题研究和技术装备研发，此举有利于推动钻采装备制造、管网建设、工程施工、液化天然气船、非常规天然气勘探开发特种技术及装备制造，形成上游勘探开发、中游运输储备、下游综合利用的完整产业链。

　　"依靠科技进步，保护海洋生态，促进天然气水合物勘察开采产业化进程，为推进绿色发展、保障国家能源安全作出新的更大贡献。"中共中央、国务院对海域可燃冰试采成功的贺电指明了我国可燃冰事业发展的方向。只要瞄准这一方向，久久为功，就一定能率先实现可燃冰的开发利用，实现能源结构的根本变革，走出一条绿色能源之路。

2017 年 9 月，我国科学家在青海共和盆地 3705 米深处钻获 236℃的高温干热岩体。这是我国首次钻获温度最高的干热岩体，实现了我国干热岩勘察的重大突破。和传统水热型的地热相比，干热岩是一种以固体形式存在的高温岩石，温度更高，能量资源更丰富。开发利用的过程中不会出现其他环境问题，也不受过多的环境因素的影响。在青海共和盆地，科研人员先后攻克了地质选址、高温钻井、深孔高温高压测温等关键技术，在成功施工的 5 眼干热岩勘探孔中，均钻获干热岩体。

众所周知，石墨烯是当今世界上，发现的最薄、强度最大、导电导热性能最强的一种新型纳米材料，其也是代替硅、石油的超级材料，被称为"黑金"，是"新材料之王"。众多科学家甚至预言石墨烯将"彻底改变 21 世纪"。该技术的突破极有可能掀起一场席卷全球的颠覆性新技术新产业革命。中国已成为全球石墨烯商业化发展的龙头，面向工业界的石墨烯发展基本都在中国。就全球态势来看，产业领先在中国，研发领先在欧洲。统计数据显示，2016 年，我国石墨烯市场总体规模突破 40 亿元，石墨烯相关产品销售额达 30 亿元左右。

在能源领域的科技创新有助于增加中国能源供给的多样性，就这个角度而言，中国能源体系的复杂性增加了，但是体系的安全系数也随之增加，二者并行不悖。

第六章　和平发展与中国的能源安全

在中华民族百年复兴进程中，中国无疑需要一个和平发展的国际环境，当前全球的能源问题与国际政治、世界经济日益呈现交叉融合趋势，中国的和平发展道路与中国的能源安全战略紧密相关。

第一节　中国能源安全体系所面临的国际环境

20世纪90年代，敏锐的学者已经意识到"能源安全仍是头等大事"[①]。"在全球化条件下，一国的能源安全不仅仅是一个经济问题，同时它也是一个政治和军事问题"[②]，就一般意义而言，谋划中国能源安全更多的要关注外部环境，中国能源安全体系本身也是全球能源安全体系的重要组成部分。

一、世界能源安全体系的基本特点和基本成因

当前，全球能源安全体系的基本特点可以表述为："多维、无序、突变、失衡"。"多维"主要指的是全球能源安全体系存在着多维度的

[①]　J.P. 弗里特著，薛桐译：《能源安全仍是头等大事》，《国际石油经济》1995年第5期。
[②]　张文木：《中国能源安全与政策选择》，《世界经济与政治》2003年第5期。

调控体系。迄今并没有一个全球性和综合性的全球能源治理机构，目前，国际能源组织主要是石油输出国组织（Organization of Petroleum Exporting Countries，OPEC）和国际能源署（International Energy Agency，IEA）。除此之外，还存在着八国集团议会、能源消费国与生产国之间的全球性定期对话，以及联合国的一系列针对能源的机制等。世界能源理事会等非政府组织在国际能源领域也发挥着重要作用。全球能源安全体系中最核心的问题是建立能源出口国与进口国之间的对话机制。能源出口国掌握着手中的"石油美元"，希望可以一直在高价运行，同时保持产量的恒定，坐拥全世界的财富；能源进口国也十分清楚，相对日益稀贵的石油资源来说，"卖方市场"的现状肯定会延续，因此必须寻找替代能源和发展节能技术，减少对于能源进口的依赖。在供需基本平衡的基础上保持可持续的供应和合理的价格，就需要能源进口国与能源出口国进行积极合作。事实上，任何形式完美的全球治理结构均不能克服其背后结构性的利益分歧，在能源议题上尤其如此。

　　"无序"指的是全球能源安全体系之间存在领域上的交叉和功能上的重叠，并且因此导致全球能源安全体系的无序运行。2008 年，荷兰皇家壳牌集团对外发布了《壳牌能源远景 2050》报告，报告中提出了"一个变革的时代"，展示了世界能源行业在今后半个世纪中两种可能的发展方式："无序世界"与"有序世界"。"无序世界"主要突出了各国政府受能源安全忧虑方面的重重压力，特别是在能源监管、能源情报等技术方面进步比较慢，所以能源安全系统特别是预警机制不完善。一旦处于"无序世界"，各国争先恐后争夺能源，大量生产煤炭及自制的生物燃料并投入使用。政策制定者选择阻力最小的获取能源的方式，很少考虑降低能耗，直到能源供应出现短缺。为此，壳牌积极倡导"有序世界"。[①]

　　"失衡"指的是全球能源安全体系由于各子系统的不兼容导致最终呈现的外部表征。以化石燃料为主的能源利用为世界经济发展提供了相对廉价的动力，但也带来严重的环境问题，并引发强烈的社会反对；全球能源市场的收益分配不均，全球仍有15亿人口尚无现代化能源可用。2003年以来，国际油价开始不断攀升，全球供求失衡是其背后的结构性原因。从2007年到2008年，一年内几乎翻了一番的原油价格，可以说是混沌、动荡的能源世界的象征和见证。2008年，国际货币基金组织发出警告，称能源价格高企正在"加剧"全球经济失衡，增加发生危机的风险。从本质上讲，高油价是供求失衡的结果。虽然有观点认为，投机资金才是油价飞涨的元凶，但投机的基础是供求关系，如果没有供不应求的客观现实远景预期，投机资金也就无从炒作。国际油价上涨，人们很容易想到这是由于供给减少，首当其冲的便是以OPEC为代表的产油国。2016年年底，OPEC与俄罗斯等非OPEC产油国达成联合减产协议，每日减产约180万桶原油。在他们看来，这是为了平衡油市，缓解市场供过于求的状况。当前，这项减产协议基本令市场恢复平衡，并让布兰特原油价格逼近3年高位。国际能源署（IEA）2018年4月23日发布的《石油市场报告2018》显示，当前全球石油库存几乎消失，油价已经回升。油价上涨为减产国家带来回报，也推动美国新一轮石油产量增长。

　　"突变"指的是全球能源安全体系不断面临因为能源安全问题所衍生的各种突发事件。能源安全体系失衡所衍生的最为引人关注的次生

---

　　① 《壳牌能源远景2050发布实录》（2），见 http://www.oilchina.com/syxw/20080918/news2008
091802105515642.htm。

灾害在于气候突变问题。2004年年初，美国国防部委托美国全球商业网络公司（GBN）所做的报告《气候突变及美国国家安全》（以下简称《报告》）指出，未来几十年内一旦发生气候突变，很有可能造成全球地缘政治危机。《报告》指出，由于气候突然变冷导致的食物供应危机、淡水供应危机、战略性能源的供应危机将"直接关系到国家安全"，甚至会导致国家间的冲突与战争。看过电影《后天》的读者大都会对影片中"气候突变"对人类造成的巨大灾难有印象，故事伊始即是全球变暖带来大洋热盐环流停止，直接导致全球热量平衡被打破，各种极端的天气事件开始出现，比如超级风暴、急剧降温以及超强风暴潮等。接下来，地球在几天之内就进入了一个新的冰河世纪。影片中的极端天气是为了构造末日的情景而加进的情节，并非实际情况的真实反应。值得一提的是，随着全球变暖，极端天气确实会有增加的趋势，但科学家认为，其强度和频度无论如何不会达到影片中的程度。

那么，具有上述这些特征的世界能源安全体系变迁的基本成因又在哪里呢？归结起来，有以下三个方面：民族矛盾和地区战乱、强权政治与地区霸权、全球经济发展。

第一，民族矛盾和地区战乱是世界能源安全体系变迁的初始因素。任何一个国家或地区的能源安全都依赖于全球能源安全，保障能源安全的唯一出路是"合作安全"和"共赢安全"，即从民族国家的安全拓宽至全球安全。石油与地区冲突始终紧密关联，在里海地区尤为明显，在那里，主要石油进口国都在种族冲突、政治动荡和伊斯兰极端主义的背景下寻求新的油田和天然气田。鉴于里海地区任何开采出的石油和天然气必须通过管道到达其他地方的港口和市场，这也为恐怖主义分子和叛乱者提供了理想的目标。石油、恐怖主义和国家安全的这种联系也在向其他石油生产地区蔓延。

中东地区，伊朗和沙特两国是伊斯兰世界的死对头，沙特代表逊尼派，伊朗代表什叶派，两派对立已有千年历史，但是石油成为各自的斗争利器，2018 年 5 月，在美国宣布将退出伊朗核协议继续制裁伊朗后，沙特暗示将提高原油产量以弥补市场供应短缺。

第二，强权政治与地区霸权对世界能源安全体系变迁起着推波助澜的作用。以美国为首的西方国家在全球能源领域一贯奉行强权政治，控制产油国的政治和经济，借以垄断产油区域的油气资源；伊拉克强悍的前萨达姆政权则倚恃本国丰厚的石油资源，欲以石油为武器谋取地区霸权。美国凭借体制上的优势在国际市场上过度透支信用，过度消费世界资源，特别是石油。美元是国际石油市场的结算货币，因此美国具有消费世界石油资源的特权。当石油市场出现供不应求局面时，美国就会印刷更多的美元用于购买石油，由于石油的供给速度永远也赶不上美元的印刷速度，因此以美元计价的石油价格就会飙涨，进而带动天然气、煤炭价格大幅上涨。当出现这种局面时，油价高企就会极力吸引大量农民改种能源作物，粮食种植面积相对以往就必然会减少，结果最终导致粮食以及其他农产品价格飙升。强势国家在世界能源领域之内的一些私利举动，不但引发了世界能源安全体系的动荡，还会波及其他领域，产生一系列连锁反应，可谓"牵一发而动全身"。2018 年 5 月，俄罗斯总统普京在就职典礼后向俄罗斯议会发表演讲指出，有必要提高俄罗斯经济的独立性，并摆脱对石油美元体系的依赖。他强调称，西方正通过经济霸凌以制裁的形式推进这一过程。

第三，全球经济发展决定了世界能源安全体系的基本走向。石油危机为世界经济或各国经济受到石油价格的变化的影响，所产生的经济危机。1960 年 12 月石油输出国组织（OPEC）成立，主要成员包括伊朗、伊拉克、科威特、沙特阿拉伯和南美洲的委内瑞拉等国，而石油输出国组织也成为世界上控制石油价格的关键组织。迄今被公认的三次石油危机，分别发生在 1973 年、1979 年和 1990 年。经济全球化、市场自由化、科技飞速发展都让中国、印度和其他亚洲国家能够达到新的经济和社会发展阶段，带来城镇化多波次浪潮，在城镇化阶段大批人群涌入城市，交通工具乃至取暖等用电激增，进入到一种能源密集型的发展阶段，相应地这些发展中国家总的能耗大量地提高。有专家指出，当前国际市场上出现的油价、粮价暴涨、通货膨胀等现象，从根源上说，都是以石油为代表的不可再生资源满足不了人类发展的需要造成的。因此，这意味着世界经济一定程度上已经被"能源"这个瓶颈牢牢制约住了，除非有新技术、新能源的大范围开发和利用，否则世界经济陷入衰退将不可避免。

二、中国能源安全体系在全球能源安全体系中的基本定位

中国能源安全体系在全球能源安全体系中的基本定位必须契合中国的基本国情和全球能源市场的实际状况。

第一，中国能源输入量与产出量在全球能源体系中比重逐步加大，但是中国在世界能源体系中的发言权（话语权）与其自身实力不相称。

2010 年全球一次能源消费总量是 120 亿吨标准煤，同比增长了 5.6%，是 1973 年以来增长最快的一年，其中中国增长了 11.9%，中国当时的石油进口已经达到 2.5 亿吨，远远高于世界平均水平，超过美国成为世界最大的能源消费国。国际经验表明，当一国的石油进口量超过 5000 万吨以后，国际市场行情的变化就会影响这个国家的经济运行。

目前，中国已成为世界第一大原油进口国，同时也是世界第二大原油消费国。2017 年，中国进口原油约 4.2 亿吨，而同年原油表观消费量（当年产量加上净进口量）约为 6.1 亿吨。中国石油天然气对外依存度进一步提高，这要求中国统筹国内开发和对外合作，提高能源安全保障程度。

从 2009 年起，中国从一个煤炭的出口国转变为煤炭的净进口国。2011 年进口了 1.8 亿吨的煤，成为了世界上最大煤炭进口国。同时中国也是世界上最大的水电生产国。全球的风电发电量增长 22.7%，其中 70% 来自于中国和美国。由于中国石油天然气资源相对不足，因此需要在立足国内生产保障供给的同时，持续扩大国际能源合作。2008 年，荷兰皇家壳牌集团在北京发布《壳牌能源远景 2050》报告称，中国 2025 年的一次能源需求将在全球占 25% 以上，到 2050 年中国的一次能源需求将增长到目前的四倍，那时化石能源仍将占中国一次能源需求的 70% 左右，煤炭也仍将是中国首选的能源。但中国仍可在能源生产与消费方面找到途径，降低对煤炭的依赖性，减少二氧化碳排放。所以，国际能源市场变化对中国能源供应的影响较大，中国能源对外依赖程度在提高。

目前全球能源供需平衡关系脆弱，石油市场波动频繁，各种非经济因素也影响着能源国际合作。国际油价一度高位振荡，油价在 2008 年攀升至每桶 100 美元甚至 150 美元，随后在一年内下跌至每桶 34 美元。2017 年，国际油价在连续四年下跌后，重拾涨势 WTI 原油均价约为 50.76 美元 / 桶，同比上涨 18.2%；布伦特原油均价约 54.74 美元 / 桶，涨幅 24.4%；迪拜原油均价约 52.90 美元 / 桶，上涨 29.5%；大庆原油均价约 48.69 美元 / 桶，涨幅 31.7%。上述四地原油均价约为 51.77 美元 / 桶，同比上涨 25.7%。2018 年，全球经济将保持平稳增长，多数机构预测增速与上年大致持平，约为 3%。全球原油需求继续维持低速增长的局面，预计 2018 年全球消费量增速在 1.5% 上下，消费总量约为45.45 亿吨，供需依然相对宽松。

从地缘政治局势看，"伊斯兰国"被击溃后，中东地区紧张局势相对缓和，但大国在该地区的博弈仍在继续，暗潮涌动，不过局面总体可控。随着油价的回升，原油生产动力将继续增强，市场供给充裕，炒作空间有限，油价进一步上升动力不足。

全球能源市场的话语权掌握在几个发达国家及其所掌控的主要国际组织手中。总的来说，中国参与全球层面能源合作的程度弱于参与区域层面能源合作的程度。在全球层面的能源合作中，中国基本被排斥于主要能源组织之外。中国拥有广阔的市场，但从全球层面的能源组织角度来看，中国还是个小伙伴，属于轻量级角色，缺乏足够的发言权。虽然中国开展区域层面的能源合作较为活跃，但由于缺乏国际组织的合作框架，合作程度还有待进一步加深。

在国际上，中国面临温室气体减排的压力越来越大。当然，"中国环境威胁论"既不客观也不公正。中国二氧化碳人均排放水平比较低，从 1950 年到 2002 年，50 多年间中国化石燃料燃烧排放的二氧化碳只占世界同期累计排放量的 9.33%；1950 年以前，中国排放的份额就更少了。据国际能源机构 2006 年发布的统计数据，2004 年中国人均二氧化碳排放量为 3.65 吨，仅为世界平均水平的 87%，为经济合作与发展组织（OECD）国家的 33%。1950 年到 2002 年的 50 多年间，中国人均二氧化碳排放量居世界第 92 位。[①] 到 2013 年中国的 GDP 是全球总量的

---

① 《国家发改委主任马凯在国务院新闻办新闻发布会上表示气候变化是全球共同面临的挑战（在国务院新闻办新闻发布会上）》，《人民日报》2007 年 6 月 5 日。

12.3%，而消耗了全球 21.5% 的能源，中国单位 GDP 的能耗排放比世界平均值要高，能耗强度高出将近一倍，其中中国每人年均二氧化碳排放已经达到了六吨，这个数逼近了欧洲、日本各国的水平，而还在增长中。东部比较发达地区，一些西部地区，人均二氧化碳排放甚至已经达到了每人每年十吨，这个十吨超过了一些欧洲和日本这些国家发展历史上的最高的水平。

第二，为维护自身的国家利益，中国有针对性地开展"能源外交"是不二选择。2006 年，八国集团同中国、印度、巴西、南非、墨西哥、刚果（布）六个发展中国家领导人对话会议在圣彼得堡举行，胡锦涛指出全球能源安全，关系到各国的经济命脉和民生大计，对维护世界和平稳定、促进各国共同发展至关重要。严重依赖海外进口石油，以及石油海外来源地过于集中，是中国能源安全面临的严重问题。中国国内经济和社会发展日益受到国际能源安全形势的影响，一些西方国家对华打"能源牌"。一些国家和地区性国家组织的有关人士把近年来国际油气价格的上涨归咎为中国需求的推动，在国际能源领域鼓吹"中国威胁论"。2007 年，在美国《环球》（*Orbis*）杂志上刊载了《中国与全球的能源市场》一文，指出中国作为全球经济发动机的出现导致全球能源的紧张，由此中国的能源政策的制定成为中国外交路线的重要组成部分；同时，由于与地区利益、社会问题、工业发展及地理问题相交迭，中国能源政策被分割而日益复杂化，中国要应对这些挑战必须与世界和谐共处，倾听其他国家的呼声，特别是处理好中美关系。①

作为世界主要的产油区域，海湾地区的国际形势牵动中国的能源

---

① China and Global Energy Markets，Peter Cornelius and Jonathan Story，*Orbis*，Volume 51，Issue 1，Winter 2007，pp.5-20.

安全，而美国、伊朗关系近年来日益紧张，对于中国的外部能源供给造成了诸多不利影响。2008 年 9 月 23 日，以色列海法大学教授伊扎克·希霍尔在美国詹姆斯顿基金会（智库）主办的《中国简报》发表文章《封锁霍尔木兹海峡——中国的能源困境》，"霍尔木兹对中国来说绝不陌生。中国元朝时的文献提到过它，15 世纪郑和的舰队曾远航到此。今天，中国是霍尔木兹海峡的使用者之一。北京依赖波斯湾原油进口，并与地区各方维持友好关系。尽管中国官方没有对德黑兰的威胁作出反应，但显然在未雨绸缪。中国的石油进口年年月月都不同，但总体趋势是清楚的：波斯湾是中国原油的主要来源地，中国日后可能会更加依赖该地区满足能源需求。据预测，今后二三十年许多石油产地储量将减少，而波斯湾不存在这个问题。不过，尽管中国的国际经济关系迅速扩大，但波斯湾在中国对外贸易中所占比重相当少，不到进口总额的 4%，其中大部分是原油。相比之下，反而是日本、韩国、印度等其他亚洲国家更加依赖通过霍尔木兹海峡进口波斯湾石油。"[①]2012年，中国进口伊朗的石油大约为 2200 万吨，进口沙特阿拉伯的石油为5390 万吨，合计为 7590 万吨，当年中国石油净进口量达到 2.931 亿吨。

在亚太地区，中、美、日三国围绕能源问题的博弈日益激烈。当前，中日东海油气资源之争、中日西伯利亚油气资源之争、中美非洲及拉美地区油源之争、美国在中东的石油霸权与中日两国的矛盾，这些争端都有演变为实质性能源危机的可能性。因此，必须冷静深入地纵览全局，透彻分析其中的每一个细节，从而发现上述现象绝不是突兀孤立的，彼此之间总是存在着某些必然的联系。比如，表面上看似

---

① ［美］伊扎克·希霍尔著，汪析译：《封锁霍尔木兹海峡——中国的能源困境》，詹姆斯顿基金会（智库）主办：《中国简报》，见 http://news.xinhuanet.com/mil/2008-09/25/content_ 10108378.htm。

只是中日两国之间的因东海石油资源归属问题而产生的冲突背后却隐藏着美国的因素，美日联合起来对华打"能源牌"归根结底又有着各自不同的战略思维，此外，美日在中东能源战略上的分歧也必将对中国"能源外交"产生一定的影响。只有洞彻这一切，才能制定出切实有效的突发预案，成功规避地区冲突风险。

中美关系近年来呈现复杂化态势，能源问题在中美关系中的重要性在上升。美国在全球能源安全的格局中处于优势地位，中国在全球能源安全格局中处于上升态势，但是与美国相比明显处于劣势地位。同时，美国在能源领域对中国愈益戒心重重，频频对中国施压，需要中方妥善应对。与中日能源之争相比，中国具有较大的回旋空间可以避免与美国在全球能源领域里的直接对抗，如加大双边磋商力度，以及在非洲、拉美开辟新的油源地等。美国近年来频频介入南海问题，并且对于中国的指责日益增多，其中也在觊觎南海的油气资源开发。

中日关系近年来呈现低迷状态，其中有关能源问题的争端是两国关系紧张的症结之一。中日能源之争表现为两点：第一，两国领土争端涉及了能源和资源的归属权问题，如钓鱼岛争端、东海大陆架争端都涉及了海底油气资源的归属问题；第二，双方为开辟自身新的油源地而引发诸多矛盾，如中日对于俄罗斯安纳线和安大线的争执十分激烈。由于，中日同时处于东亚能源板块，因此总体上看在中日的能源之争中，中方出于各种考量可以回旋的余地较少。1966年，联合国亚洲及远东经济委员会经过对包括钓鱼岛列岛在内的我国东部海底资源的勘察，得出结论：东海大陆架可能是世界上最丰富的油田之一，钓鱼岛（与台湾岛在地理上共生）附近水域可能成为"第二个中东"。据我国有关科学家1982年估计，钓鱼岛周围海域的石油储量约30亿—

70 亿吨。还有材料说，该海域海底石油储量约为 800 亿桶，超过 100 亿吨。[①]

日本 2012 年频频在钓鱼岛问题上挑衅中国，加强与中国争夺钓鱼岛周边海域的石油资源是其固有的战略意图。中日在钓鱼岛海域以及东海大陆架的争端中牵涉到了十分敏感的能源问题，特别是在台湾海峡已经成为日本海上能源运输的生命线的情况下。2006 年美国《外交》（Foreign Affairs）上发表的《中日的竞争处于即将爆发的边缘》一文，指出中日之间的经济联系在加深，但是外交关系却处于紧张状态，中日之间争吵的问题中比较紧迫的是两国对于能源的迫切需求，两国都主张对于东海油气资源的所有权；美国应在中日之争中将扮演一个重要的角色，特别是推动两国合作从而开创东亚历史的新纪元。[②]

南海周边国家每年在南沙开采大量石油，但拥有南海主权的中国在过去 50 年间却连一桶石油都未开采。2012 年 6 月 25 日，中国海洋石油总公司登出公告，宣布将对南海海域的部分区域进行对外联合油气资源开发，并公开对外招标。对外开放区块 9 个，总面积 160124.38 平方公里，供与外国公司合作勘探开发。这 9 个区块中 7 个区块位于中建南盆地，2 个位于万安盆地东北部和南薇西盆地北部，是中海油时隔 20 年后再次在南海争议海域招标开采油田。

中国东海、南海、钓鱼岛附近海域的油气资源及能源运输通道——台湾海峡、南沙群岛海上航线不仅关系到中国的能源安全，而且事关中国的主权和领土完整，必须运用政治、军事等手段从保障中国国家核心利益的角度加以维护。

① 《新闻背景：日本租借钓鱼岛的背后》，见 http://news.sina.com.cn/c/2003-01-05/0108862556.shtml。

② Kent E. Calder, "China and Japan's Simmering Rivalry", Foreign Affairs, March/April 2006.

因此，中国必须实现海外能源供给的多元化，巩固原有的中亚、西伯利亚、非洲、中东等供给地外，特别注意另辟新的海外能源供给地，如拉美、澳大利亚等。此外，中国必须加大自身在能源技术领域里的研发力度，同时加强在国际能源技术领域内的多边合作。

第二节　调整中国海外能源战略　促进中国能源海外供给源多元化

作为世界能源安全体系的有机组成部分，中国的能源安全问题日益受到国际社会的关注，国际社会要求中国在能源领域承担更大责任的呼声日益高涨。

一、中国海外能源战略调整恰逢其时

中国的海外能源战略不断调整已经趋于成熟，既要宣示中国的国家利益所在，又要体现中国作为国际上有影响的大国应该负的国际责任。为维护中国的能源安全体系，中国当前努力谋求国际能源安全的多边合作，同时积极回应有关国家和地区组织散布的中国"能源安全威胁论"。

2007 年 7 月 17 日，胡锦涛在八国峰会上发表讲话，着重就全球能源安全问题做了阐述。他说，全球能源安全关系到各国的经济命脉和民生大计，对维护世界和平稳定、促进各国共同发展至关重要。每个国家都有充分利用能源资源促进自身发展的权利，绝大多数国家都不可能离开国际合作而获得能源安全保障。具体而言，应该着重在以下三方面进行努力。一是要加强能源开发利用的互利合作；二是要形成

先进能源技术的研发推广体系；三是要维护能源安全稳定的良好政治环境。各国应该携手努力，共同维护产油地区的稳定，确保国际能源通道安全。国际社会应该通过对话和协商解决分歧和矛盾，而不应该把能源问题政治化。[①]

中美能源安全合作是中国海外能源战略拓展的重点。美国一度遏制中国对国际能源的强劲需求，最明显的例子就是 2005 年中国海洋石油公司高价收购美国加州的优尼科（Unocal）石油公司的计划由于美国政府出面干预而宣告失败。但是中美能源安全合作的共同利益是显而易见的，2008 年 6 月 18 日，第四次中美战略经济对话在美国马里兰州安纳波利斯闭幕，这次对话最突出的成果是中美在能源和环境领域扩大了合作，两国签署的《中美能源环境十年合作框架》文件对中美未来经济合作具有重大影响，也将为全球可持续发展作出贡献，显示了中美战略经济对话的重要意义和战略影响。

中日对东海天然气资源的纷争已经成为中日关系发展的重要内容，此外日本还介入了中俄原油管道项目"安大线"和"安纳线"之争。但是，中日之间能源领域的合作还是主流，2007 年 4 月，温家宝访问日本期间指出，中日两国应继续加强环境保护合作，深化能源领域合作。2008 年 6 月中国外交部发言人宣布，中日双方通过平等协商，就东海问题达成原则共识，同时双方经过联合勘探，本着互惠原则，选择双方一致同意的地点进行共同开发油气资源。

中俄能源合作一直比较顺畅，2009 年 4 月，中俄两国在北京签署《中俄石油领域合作政府间协议》，王岐山认为这标志着中俄能源合作

---

① 胡锦涛：《在八国集团同发展中国家领导人对话会议上的书面讲话》，《人民日报》2006 年 7 月 18 日第 1 版。

"实现重大突破"，双方将进一步在能源领域开展"全面、长期、稳定"的合作。协议签署后，双方管道建设、原油贸易、贷款等一揽子合作协议随即生效。协议涉及双方在石油领域上下游的合作。2014年5月21日，习近平和普京共同见证中俄东线天然气合作协议签署。中俄双方商定，从2018年起，俄罗斯开始通过中俄天然气管道东线向中国供气，输气量逐年增长，最终达到每年380亿立方米，累计30年。

2007年8月23日，第四届东盟与中日韩能源部长会议在新加坡举行，与会者对东盟与中日韩三国在能源合作方面取得的显著成果表示赞赏，并重申了各国对确保地区能源安全所做的承诺。根据会议结束后发表的一份联合声明，与会者一致对能源价格不稳、原油储量有限和环境问题等表示关注，强调提高能源利用效率是加强地区能源安全和解决气候变化问题的最为有效的途径之一，同意在诸如工业、交通、电力等所有可能的领域，通过制订具体目标与行动计划来提高能源利用效率。

2007年10月24日至25日，石油输出国组织欧佩克12个成员国已探明的石油储量占全世界的77%，原油产量占全世界的40%，所以能够对世界石油市场产生巨大的影响。秘书长巴德里率代表团访问中国，并且与中国政府举行高层能源对话圆桌会议。欧佩克与中国已经建立了高层能源对话会议机制，该会议每年在欧佩克总部所在地维也纳和中国的首都北京轮流举行。

2014年6月13日，中共中央总书记、国家主席、中央军委主席、中央财经领导小组组长习近平主持召开中央财经领导小组第六次会议，研究我国能源安全战略，其中强调全方位加强国际合作，实现开放条件下能源安全。在主要立足国内的前提条件下，在能源生产和消费革命所涉及的各个方面加强国际合作，有效利用国际资源。务实推进"一带一路"能源合作，加大中亚、中东、美洲、非洲等油气的合作力度。[①]

二、中国必须有效维护海外能源战略通道安全

在中国海外能源战略中，必须把油气供应安全提高到国家整体经济安全的高度来考虑，才能有效地保证能源的安全，其中海外能源战略通道安全是中国油气供应安全主要的瓶颈制约。

中国要维护海外能源战略通道安全不能忽视美国在全球的军事存在。冷战后，美国作为全球唯一超级大国，加紧推行"两洋战略"[②]。自20世纪90年代开始，美军积极行动，以图掌握全球16条海上要道：即加勒比海和北美的航道、佛罗里达海峡、好望角航线、巴拿马运河、格陵兰—冰岛—联合王国海峡、直布罗陀海峡、苏伊士运河、霍尔木兹海峡等。其中，马六甲海峡是美国多年来志在必得的一个战略要地。基廷早在任美国海军作战部长办公室下属的战略研究小组成员期间，就是"两洋战略"的重要构筑者。此后，尽管他的任职不断变化，但对马六甲海峡的关注一直没有中断过。一位美国专家曾用"马六甲之痛"来形容中国在海运问题上的困境。认为对中国而言，马六甲海峡就是中国的"油喉"。1993年，中国成为石油净进口国。经过十多年的发展，中国已成为世界上最大的石油进口国之一。中国进口的石油大部

① 《习近平：积极推动我国能源生产和消费革命》，见 http://www.xinhuanet.com/politics/2014-06/13/c_1111139161.htm。

② 冷战结束以后，尽管美国的全球竞争对手苏联解体了，但美国在国际事务中却更多地采取干涉主义政策，并加紧推行其霸权主义。美国世界新秩序战略的重点是在欧洲和亚太地区，是以大西洋和太平洋为重点的"两洋战略"。美国认为，控制了这两个地区就能控制全球，防止出现能够向美国挑战的新的大国，以维护美国的超级大国地位，在国际关系中谋取最大的政治、经济利益和安全。

分来自中东、非洲和东南亚地区，进口原油约 4/5 是通过马六甲海峡运输的。据统计，每天通过马六甲海峡的船只，有近六成服务于中国。[①]中国能源进口来源过于单一、通道安全缺乏保障。中国石油进口近 1/2来自中东、近 1/4 来自非洲，必经的通道马六甲海峡、霍尔木兹海峡存在各种潜在威胁。这两条狭窄的通道，像两把锁链扼住了中国的能源运输通道。能源严重对外依赖，已经成为中国走向强国之路的沉重包袱。

为维护中国能源战略运输通道的安全，中国在既有国防力量的基础上已经开始海外护航。作为维护中国海上石油运输路线安全的远期举措，中国"蓝水"海军即远洋海军的建设必须提上日程。目前，仅凭中国的海军力量难以维护中国的海上能源补给线，因此中国必须开展重要国际航道的护航国际合作，实际上中国对护航国际合作历来持有积极、开放态度，一直表示愿意在联合国安理会有关决议的框架下，与所有相关国家和组织开展多种形式的双、多边护航合作，维护共同相关重要海域的和平。

亚丁湾护航任务，是我国海军迄今为止，执行时间最长，参与舰只最多的海军活动。从 2008 年至今，中国海军已累计派出编队 26 批、舰艇 83 艘次、官兵 22000 余人次奔赴海盗猖獗的亚丁湾、索马里海域执行护航任务，并连续保持着编队自身和被护商船"两个百分之百安全"的骄人纪录，为过往货船提供护航保护，并多次成功驱逐或抓获海盗，为国际和平作出了重大贡献。

为了有效降低中国由海上石油运输中断所导致的中国能源安全隐

---

① 邱晴川：《美太平洋总部司令基廷　把着中国油路阀门》，《环球人物》2007 年第 23 期。

患，减少对西太平洋战略通道的依赖，中国还要重视建设石油陆路油气供应通道，包括中缅油气通道、中俄油气通道、伊朗—巴基斯坦—中国油气备用通道以及加紧建设中国的西气东输工程。2010年6月，中缅石油天然气管道工程正式开工建设，中缅天然气管道缅甸境内段长793公里，中缅原油管道缅甸境内段长771公里，并在缅甸西海岸配套建设原油码头。2011年1月1日，中俄原油管道正式投入运行，俄罗斯今后20年将通过该管道每年向中国供应原油1500万吨，中俄原油管道起自俄罗斯远东原油管道斯科沃罗季诺分输站，穿越中国边境，止于黑龙江大庆末站，管道全长近1000公里，其中的920多公里位于中国境内。2014年11月9日，习近平与普京共同见证了中俄西线天然气协议签署。未来，俄罗斯将向中国的东北和西北两个方向同时供气。

三、中国海外供给地多元化建设初见成效

当前，国际性能源供给地主要集中在中东、中亚、俄罗斯和拉美以及北非。其中中东地区作为美国的战略重点，拉美是美国的战略"后院"，中国从这些地区获得稳定能源供应将会遇到美国等西方国家的严峻挑战。所以，中国要建设多元化的海外能源供给地，采取"西进"（合作开发中亚的油气资源）和南下（关注非洲能源的挖掘潜力）战略，这样可以避免在中东地区与美国等西方发达国家直接对抗，从而减少中国在国际社会所遭遇到的能源压力。

当前，"一带一路"能源合作全面展开，中巴经济走廊能源合作深入推进。西北、东北、西南及海上四大油气进口通道不断完善，电力、油气、可再生能源和煤炭等领域技术、装备和服务合作成效显著，核

电国际合作迈开新步伐，双多边能源交流广泛开展，我国对国际能源
事务的影响力逐步增强。

中巴经济走廊的能源运输管线已经成为我国能源供应"向西看"、
实现能源供应、立体"海陆网"的关键节点，将大大缓解"马六甲困
局"给我国带来的能源运输安全风险。这条由瓜达尔港至我国新疆喀
什的中巴石油运输管道地理位置优越，是贯通"一带一路"的关键枢纽，
纵贯 3000 余公里，辐射数亿人口。其南端起点瓜达尔港离印度也比较
远，相对而言较安全，距离全球石油供应的主要通道霍尔木兹海峡大
约 400 公里，中东石油通过其从陆路进入中国新疆，将比绕经马六甲
海峡的石油运输航程缩短 85%，经济成本将更低。中巴经济走廊能源
通道将再次激活新疆地区的能源产业，从而带动地区经济发展。同时
我国与中亚国家建设的天然气、原油管线也经过喀什等新疆地区。这
些线路与我国积极同中亚国家推进的其他能源线路管道一起，构成巨
大的能源输送网络，为我国构建西部能源网，实现整个能源进口陆海
立体化统筹打下了基础。[①] 截至 2016 年 7 月，包括萨希瓦尔燃煤电站、
卡西姆燃煤电站、中兴能源光伏园、卡洛特水电站在内的 11 个项目已
经开工建设，总装机 741 万千瓦，总投资额约 135 亿美元。如无意外，
除 2 个水电项目外，将有 390 万千瓦电源项目于 2018 年年底投产，基
本可以满足巴基斯坦近期电力需求。

中亚—里海地区是极具潜力的能源基地，石油储量高达 328 亿吨，
天然气为 18 万亿立方米。由于历史原因，俄罗斯在中亚能源外运方面
长期居于垄断地位。现在，马六甲海峡作为重要的能源运输通道，被

---

① 《中巴经济走廊：中国能源安全战略新支点》，见 http://news.cnpc.com.cn/system/2016/12/
13/001625560.shtml。

美国及其盟友牢牢地控制着，而中国东海能源开发也受到了日本的牵制，所以中国要"西进"，充分利用周边国家的石油资源，重点考虑中亚油田开发问题。土库曼斯坦是苏联联邦国家，位于中亚，该国天然气储量占全球第五位，并拥有丰富的石油资源。中国与全球天然气储量第五位的土库曼斯坦已正式结成秦晋之好。2007年7月17日，中石油已分别与土库曼斯坦油气资源管理利用署和土库曼斯坦国家天然气康采恩，在北京签署了中土天然气购销协议和土库曼阿姆河右岸天然气产品分成合同。根据协议，在未来30年内，土库曼斯坦将通过规划实施的中亚天然气管道，向中国每年出口300亿立方米的天然气。

2009年12月14日，胡锦涛出席在土库曼斯坦阿姆河右岸举行的中国—中亚天然气管道通气仪式，这是一条全长1833公里的天然气管道，自西向东途经土库曼斯坦、乌兹别克斯坦、哈萨克斯坦和中国。俄罗斯《新闻时报》14日报道，管道的开通从根本上改变了中亚地区能源及地缘政治局势。对土库曼斯坦总统别尔德穆哈梅多夫来说更是一个巨大胜利，因为在俄罗斯天然气工业公司停止购买该国天然气的条件下，该国得到了一个大的替代买家，而这对中国来说也具有重要的战略意义。中亚天然气管道在进入中国后，与同期建设的"西气东输"二线相连，总长度超过1万公里，是迄今为止世界上距离最长的天然气大动脉。最终将天然气送往我国的长江三角洲、珠江三角洲等地区。截至2014年年底，中亚天然气管道A、B、C线已累计输气超过1000亿立方米，造福25个省、直辖市、自治区和中国香港的5亿多人口，在调整能源消费结构、促进节能减排、保障国计民生方面发挥着重要作用。

许多外媒评价指出，这表明中国在中亚地区同美俄在能源领域的博弈中占据先机。路透社称，苏联解体以后，中亚地区的战略性能源，使西方和中国都不断试图靠近这个地区，是中国的财力和经济实力成就了中国今天在中亚的角色。就合作机制而言，上海合作组织作为重要的交流平台，有助于推动中国与中亚各国的政治、经济及能源安全方面的合作。

中国海外能源的"南下"战略已经见到效果，这主要得益于中国与非洲各国历史上建立的良好合作关系。非洲被誉为"第二个中东"，其已探明的石油储量为233.8亿吨，约占世界总产量的12%。目前，非洲地区原油日产量已达约1000万桶，占世界总产量12%，预计到2020年，非洲油产量将占世界总产量15%，届时非洲所产石油大部分面向出口。中国有1/3的石油是从非洲进口的。中国在非洲能源领域投资始于1995年。截至2005年年底，中国在非洲较大型的油气合作项目共有27个，涉及苏丹、阿尔及利亚、安哥拉、尼日利亚等14个国家。目前，中国在非洲主要的开采地区是在北非和西非。然而中国在非洲的活动并非是仅以获取能源为目的的。回顾各自的历史，中非都曾饱受列强欺凌之苦，经历过艰难的创痛期，相似的经历是双方彼此理解、互信并建立深厚友谊的基础，也是支援、合作的基础。2009年11月，温家宝访问埃及并出席中非合作论坛第四届部长级会议开幕式期间就指出，中非合作是全方位的，能源合作是其中的一个领域。但中国绝不是仅仅为了能源来到非洲的。中国援建坦赞铁路时，没想要来非洲开采石油。温家宝强调，中国援非的目的是增强非洲自主发展能力。中国不仅仅是授人以鱼，更要授人以渔。可以说中非之间的合作是坦诚相见、求取共同发展的互利互惠的合作。中国已经深耕非洲多年，先后帮助苏丹、乍得、尼日尔等非洲国家建立了上游油田、中游输送管道、下游炼油化工的完整石油工业体系，提供了大量油气供给、促进了当地经济发展，提供了数万个就业岗位。中国在努力减少对中东石油的依赖，非洲对此具有重要意义。但是我们还应该认识到，能源"南下"和"西进"战略不会一帆风顺，非洲和中亚各国国内政局的不稳和经济的停滞，有可能会影响到中国与这些国家的能源合作。

石油央企在非洲油气运营的特点是：一方面，发挥央企自身集油气投资、工程服务、装备制造与国际贸易于一体的整体优势，在资源国当地进行上下游、甲乙方协同作战的"一体化"运作，油田在较短的时间内快速高效建成投产，实现现金流入和投资回报；另一方面，这种上下游一体化的"全产业"投资运营模式实际上给资源国提供了一个"一揽子解决方案"（Total Solution），帮助资源国建立起了完备的石油工业体系。中石油在苏丹、乍得、尼日尔均是类似上述的投资运营模式。截至 2016 年年底，中国石油企业在非洲的资本性支出累计已超过 400 亿美元，建成的油气年生产能力已超过 5000 万吨当量，非洲也已成为石油央企的海外利润中心，投资回报总体良好。

拉美是全球三大石油出口地之一。2003 年至 2008 年，中国从拉美进口的原油虽然不断增加，但所占中国石油进口和拉美石油出口的比重仍较低。基于对拉美已探明石油储量判断，从进口潜力看，委内瑞拉、巴西、厄瓜多尔等可成为中国可持续的原油进口潜在对象国。2007年 11 月，巴西国家石油公司宣布，在巴西东南沿海发现图皮油田，已探明石油储量 50 亿到 80 亿吨。2008 年 4 月，巴西在近海发现"卡里奥卡"（Carioca）巨型油田，据巴西官方估算储量高达 330 亿桶。2009年 3 月，委内瑞拉能源和石油部宣布，该国石油探明储量已达 1723 亿桶，其中 2008 年新增探明储量为 741 亿桶。为化解石油进口来源过于集中的风险，拉美可成为中国石油进口新的战略来源地。中国在拉美油气领域累计投资达到 350 亿美元。在金融合作方面，中拉已执行完的协议超过 750 亿美元，整个协议超过上千亿美元。

拉美是美国的战略"后院"，中国从这些地区获得稳定能源供应将会遇到美国等西方国家的严峻挑战。因此，中国与拉美能源合作，在实现拉美能源自足的基础上，有助于局部影响、改变世界能源供需关系，从而为确保中国能源安全争取到至关重要的回旋空间。中国与拉美的能源合作的战略应该着重在以下三方面进行努力。

一是要加强中拉能源开发利用的互利合作。就西半球石油贸易格局变化看，拉美从美国成品油进口不断扩大，而对美国的原油出口呈下降趋势。中国参与拉美的能源产业，能够对西半球的能源供求关系、产业链条施加局部影响，尽管目前这种影响还比较微小，但已不能忽视。若拉美能够减少对美国的依赖，那么这将意味着中国战略空间的扩大。在拓展拉美石油市场过程中，中国石油从风险较低的老油田开发项目开始，延伸到滚动勘探、风险勘探，再到新油田产能建设项目；从单一的上游业务拓展到上中下游一体化的发展新格局。二十余年来，中国石油在拉美地区累计生产原油超过 1 亿吨。

二是要中拉合作推进先进能源技术的研发推广体系。在生物能源技术合作领域，中国与巴西的合作潜力巨大。中国在发展生物质能源的同时要维护自身的粮食安全，不"与民争粮"，而巴西在生物质能源方面的技术优势会有助于中拉在新能源的研发推广领域加强合作。

三是要维护中拉能源安全合作的良好政治环境。中拉能源安全不仅在于可为中国原油进口安全寻找战略替代来源地、缓冲区，还应该看到拉美对美国能源安全的决定性影响。在结构主义的牵引下，拉美希望实现能源自给和能源产业的自主发展，中国已成为拉美对外能源合作多元化的战略伙伴。为维护中国的能源安全体系，中国当前需要积极谋求国际能源安全的多边合作，同时认真回应有关国家和地区组织散布的中国"能源安全威胁论"，中拉两国必须加强了解，特别是对拉美国家多做增信释疑的工作。

在总量调控的前提下，必须保证海外能源供给地的多元化。2018年5月，中国石油总进口量减少了10.9%，折合年度减少2324万吨；与此同时，从俄罗斯进口增长33%，达到创纪录的392.1万吨，从而使俄罗斯成为最大对华石油供应国。此前最大的对华石油供应国为沙特阿拉伯，不过2018年5月其对华供应减少18.1%，为305.4万吨，是2012年8月以来的最低水平。沙特因此在对华石油供应国排名中落后于安哥拉，位居第三。安哥拉5月对华出口石油也减少了3.7%，为326.2万吨；喀麦隆对华石油供应显著增长，增幅达89.3%，为25.2万吨；哈萨克斯坦对华石油出口增长了71.5%，为63.2万吨。

四、中美能源合作的路径与展望

中美能源战略合作是共赢的选择。能源领域是中美关系中最为成功的合作亮点之一。中美能源合作最早可以追溯到两国正式建交前后。1979年1月，邓小平访美，与美国总统卡特签署《中美政府间科学技术合作协定》，该协定正式拉开中美能源环境合作的序幕，为两国政府此后签订三十多个双边环境和能源协定奠定了基础和框架。[1]

---

[1] 张蕾、王鸿生：《中美科技交往30年考察》，《西安电子科技大学学报》2003年第3期。

三十多年来，中美双方围绕能源和环境问题在技术、资金等方面进行了多层次和多形式的合作，形成了诸多富有成效的合作机制。中美科技合作与两国商务、经济合作并列成为中美两国经济关系的三大支柱。[①] 其中，能源和环境合作是中美科技合作的重要部分。

2009 年，奥巴马上任后，中美两国在能源和环境领域掀起新一轮合作热潮。2009 年 7 月在华盛顿举行的首次中美战略和经济对话中，能源和气候变化成为重要议题。2011 年，在第三届中美战略与经济对话期间，中美双方再次扩容《十年能源与环境合作框架》，并签订六项新的生态伙伴关系备忘录。

事实上，中美双方在能源领域已拥有良好合作平台，并已共同举办多轮次中美油气论坛和中美能源政策对话。在最为敏感的核能技术合作流领域，中国率先引进美国 AP1000 第三代核电技术，并开工建设了世界上首座 AP1000 核电站，在具体实施过程中虽曾受到从决策高层到普通民众的广泛质疑，但仍不失为中美两国和平利用核能的一个成功示范。与中美政治与军事关系相比，中美之间在能源领域的合作一直十分顺畅，而且没有必然的对抗因素，关键在于推动两国涉及能源问题的商业贸易与技术合作。

中国是一个发展中国家，特别是当前要走新型工业化、信息化、城镇化、农业现代化道路。虽然中国已基本形成以煤炭为主、多种能源互补的能源结构，但是"富煤、少气、缺油"的资源条件，决定了中国能源结构仍然以煤为主，即一次能源生产和消费的 65% 左右仍然为煤炭，低碳能源资源的选择有限。出于可持续发展的考量，中国不

---

① 查道炯：《中美能源合作：挑战与机遇并存》，《国际石油经济》2005 年第 11 期。

能再走其他发达国家的能源替代路线，必须紧跟全球"新能源时代"的步伐，尤其要在新能源技术的研发和推广方面加大力度。

美国是一个发达国家，资源禀赋结构合理，人口密度适中，拥有世界上最为先进的能源利用技术，包括能源开采、节能、清洁能源技术。中美双方在调整能源结构、发展清洁能源、保障石油安全、提高能源使用效率、能源节约替代和核电安全发展等领域的战略举措高度相似。因此，中美的能源合作是完全契合自身国情的对策，是应对气候变化和国际能源新格局的重要战略。

2013 年 6 月 7 日，中国国家主席习近平同美国总统奥巴马在美国加利福尼亚州安纳伯格庄园举行会晤，双方同意共同努力构建新型大国关系，相互尊重、合作共赢，造福两国人民和世界人民，为中美关系未来发展指明了方向，规划了蓝图。[①] 中美双方一致同意不断加强两国在经贸、投资、能源、环境、人文、地方等领域的务实合作，深化全方位利益交融格局。

从全球范围内来看，替代和清洁能源产业的迅速发展，昭示着国际社会期待新能源革命。尽管由于不同的立场和观点，各方定义和理解的能源转型还有许多差异，但许多国家仍专注于未来新能源项目，以促进经济复苏和能源危机的缓解。气候变化和其他环境、生态等因素，使新能源和可再生能源的全球投资受到高度关注。从长期的角度来看，新能源的转型是大势所趋，新的能源体系和新技术支持的能源利用最终将取代传统的能源利用机制。

2012 年美国页岩气产量井喷式增长，页岩气开发正在撬动未来几

---

① 《从跨越太平洋的握手到跨越太平洋的合作：中国国家主席习近平同美国总统奥巴马安纳伯格庄园会晤》，见 http://news.xinhuanet.com/politics/2013-06-06/c_124818236.htm。

十年的全球能源格局，而美国逐步从能源进口国转变为能源出口国，也必将对国际能源格局产生颠覆性的影响。这对于中国的能源安全而言也是喜忧参半。一方面，中国如果能够顺应这次能源革命的潮流，中国的能源安全形势就会得到缓解，尤其是减轻大量对外能源进口的压力（中国石油的对外依存度已经超过55%）；另一方面，如果中国错过"页岩气革命"，则中国的能源安全问题就会面临内外矛盾叠加的困境。因此，中国应顺势而动，加强与美国的能源和经济合作，寻求共同安全。

当前人类资源面临的根本问题不是资源枯竭问题，而是如何经济、有效地利用资源，尤其是如何应对技术和成本等方面的挑战。中美两国应针对不同类型的能源短缺，采取适合自身国情的对策，发展经济，加强管理，深化合作，可以在遵循市场经济规律、综合考虑成本与效益，以及保护环境的前提下，充分发掘国内各类能源资源的潜力，注重综合和动态的能源安全保障。

首先，"页岩气革命""阴谋论"不可取。一些专家、学者认为美国前几年突然向中国兜售页岩气，意在让中国把眼光都集中在页岩气上，从而放过对未来领先的核裂变等高科技清洁能源的研发，因此"页岩气革命"是一场美国针对中国的"阴谋"。对此，我们要审慎地看待相关问题。

事实上，美国"页岩气革命"的效果非常明显，对美国能源结构调整所作出的贡献不容置疑，而且"页岩气革命"不仅对美国产生非常大的影响，在全球范围内也产生了很大的影响。美国和加拿大积极宣传，引领发展，在技术实践上一直带领全球的该领域向着更快发展，而包括中国在内的许多国家正在积极学习，大力研发。

　　中美页岩气开采的地质条件与经济环境不同，两国能源合作要契合各自的国情，尤其是中国要统筹规划。中国目前面临的问题和困难在于：虽然页岩气开发的潜力比较大，但后期保存条件不好，不但使常规油气难以储藏，也使非常规油气的赋存受到相当程度的影响，与美国的保存条件差异非常大。总的来说，中国的地质条件极其复杂，页岩气矿埋藏非常深，给开采工程方面带来难度相当大。另外中国水资源的条件也不理想。虽然页岩气技术在美国发展相对成熟，但中美两国地质条件的具体情况不同，因此将同一种技术普遍应用于所有地理条件是不切实际的，在中国的地质地貌条件上复制美国的页岩气开发模式也不具有现实性，所以即使用美国最先进的技术来中国勘探开发仍然需要一个适应和调整的过程。

　　就经济与社会环境而言，页岩气与常规气不同，需要密集开发。因为其资源密度比较小，需要密集的开发才能满足稳定的产量和供应。客观上必须要求有工厂化的作业、规模比较大的持续的勘探开发、密集的天然气管网连接等许多外部条件。可见，中国页岩气的商业化还有很长的一段路要走。

　　因此，不能在中美能源合作中简单地以对抗性思维附和页岩气革命"阴谋论"。要统筹兼顾各方因素，中国需要借鉴美国的经验，吸收、引进、消化和再创新包括页岩气开采技术在内的适应中国国情的能源开采与利用技术，这样才能从成本上和适应性上更加符合中国的实际，更有利于清洁能源产业持续发展。

　　页岩气开采是中美能源合作的重要方向，具有示范性引领作用，特别是页岩气着实给中国提供了全新的能源安全思路，与国内大量进口海外能源相比，创造条件积极开采本土能源无疑更符合中国的国家安全利益。国内相关大型能源企业应当担负起更多的社会责任和经济责任，加大勘探开发环节的投资力度已经刻不容缓。

能源是中美之间重要的合作领域。随着全球性问题凸显，中国在发展清洁能源，促进节能减排，应对气候变化方面肩负着日益重要的责任。中美双方在加强能源、投资、贸易、技术、信息、人才等方面具有广阔合作前景。2008 年全球金融危机爆发以来，中国和美国都加大了经济结构调整的力度，将发展清洁能源、节能减排放在重要的位置，对于中美两国来说，都是全球消费大国，也是二氧化碳排放大国，都有管理两国能源消费增长的任务和相互学习的空间。例如，中国向美国学习汽车发动机油耗标准，也就是通过提高汽车发动机油耗标准来降低中国在交通领域耗费石油的几何级速度。根据《BP 世界能源统计年鉴》，2016 年，美国一次能源消费结构中，天然气占比超过 30%，石油占比接近 40%，煤炭占比略高于 15%。欧洲国家石油和天然气占一次能源消费的比重均达到三成。而作为世界第一大能源消费国，中国的一次能源消费结构中，煤炭超过 60%，石油占比不到 20%，天然气占比刚刚超过 6%。[①]

当前，美资参与中国能源市场运作成为一个特别重要的影响因素，越来越多的美国企业在参与中国能源产业，涉及供应、工程、承包等诸多环节。中美之间在人才、技术、能源投资等方面的交流与合作正在逐步展开。此外，从能源秩序来讲，两国企业之间要加强了解，达成共识，在新能源以及化石能源新领域，特别是页岩气、天然气的开发利用上促进中美之间的商业合作。中美在核电领域的合作特别是相

---

① 数据来源：BP Energy Outlook 2017, https://www.bp.com/content/dam/bp/pdf/energy-economics/ energy-outlook-2017/bp-energy-outlook-2017.pdf。

关技术转让对于中美未来的能源合作具有许多启示。

在新的全球能源形势下，中美两国要加强合作，以改善原有国际能源安全运行机制，增加全世界各个地区，包括中东和非洲地区的和平稳定，避免地缘政治冲突影响能源投资和供应的稳定。同时，中美两国宜顺应全球化潮流，加强与有关国家能源安全的多边对话，寻求合作共赢。

鉴于此，中美两国的能源合作将在以下领域继续展开：

第一，增强战略共识，中美能源合作要摒弃前嫌，以诚相待，在坚持互利合作、多元发展、协同保障的原则下维护中美两国的能源安全。

第二，中美两国应该继续就全球气候问题进行交流，严格履行《京都议定书》所规定的在全球气候减排领域"公平但有区别"的原则。

第三，要在"中美能源合作项目""中美可再生能源伙伴关系""中美页岩气合作谅解备忘录"等既有合作框架下，深入开展智能电网、大规模风电开发、天然气分布式能源、页岩气和航空生物燃料等方面的务实合作。

2017年5月19日，中美两国在华盛顿就双边经贸磋商发表联合声明，加强能源贸易合作成为一大看点。双方同意有意义地增加美国农产品和能源出口，美方将派团赴华讨论具体事项。专家指出，加大从美进口石油、天然气等能源产品，对于满足人民群众对优质清洁能源的需求，加快改善能源结构，推动能源进口多元化，实现开放条件下的能源安全，具有重要意义。

第四，中美两国应该认真磋商海外能源合作，考虑建立双边和多边合作机制维护两国海上能源运输通道的安全；此外，双方还应分享彼此能源监管经验和实践信息，更好地促进共同发展。

第三节　积极拓展海外能源投资领域

中国改革开放 40 年来，国内以石油为代表的能源与资源供求关系日益突出，而国际大宗商品价格又不断上涨，无论出于维护国家能源安全的角度，还是从国际市场商业利益的角度，中国政府和企业正积极推进在能源资源领域的对外直接投资。

目前，中国人均国内生产总值已接近 8800 美元，正处于对外投资加快发展的阶段。中国能源资源的海外投资规模随着中国工业化和城镇化的加速推进而呈现"滚雪球"的态势，同时其投资结构亟待优化。

一、中国能源海外投资的进程

中国能源资源的海外投资进程基本上可以划分为两个阶段：第一阶段是改革开放初期到 20 世纪末，中国企业"走出去"还处于初级阶段，主要集中在煤炭、钢铁、有色金属、石油等能源资源行业和劳动密集型产业；第二个阶段是从 21 世纪初期至今十余年，以国内三大石油公司为代表的中国能源资源的海外并购风生水起，成为全球矿业并购的最大买家。

第一阶段是改革开放初期到 20 世纪末。改革开放后，中国经济快速发展，逐渐进入以基础设施建设为重点，以制造业为核心，以大量能源资源消耗为特征的重化工业发展阶段。

从 20 世纪 90 年代初期开始，中国政府明确表示，将在能源与资源领域实施"两种资源两个市场"的政策，鼓励企业通过海外投资获取石油、金属矿产等重要战略资源。

1993 年中国步入石油净进口国行列，党中央决策层明确提出"走出去"、开发海外石油资源的战略。同年 3 月，在亚洲，中国石油天然气总公司中标泰国邦亚区块项目，首次获得海外油田开采权益。在北美洲，中石油在加拿大又获得了北瑞宁油田的参股权，7 月 15 日，该油田生产出中国石油工业史上第一桶海外油。这是中国石油工业"走出去"的第一步，并揭开了中国石油企业进军海外投资的序幕。

第二阶段是 21 世纪初期至今。进入 21 世纪后，中国能源资源企业海外投资活动引起了广泛的国际关注，其中中石油、中石化、中海油三大石油公司开始频繁出现在国际石油市场并购项目的大名单中，参与并购的资金数量也逐年放大。以 2006 年为例，中国三大石油公司在海外石油的权益日产量总规模达到 68 万桶。2010 年中石油、中石化、中海油三大石油公司并购金额超过 300 亿美元，约合近 2000 亿元人民币，创历史新高，占同期全球上游并购的 20%。

目前，中石油、中石化、中海油等公司均在海外布局油气项目，涉及上游勘探开发、中游炼化和下游成品油经营领域，同时还涉及深海油气的勘探开发和油气服务合同等。2014 年年底，国务院发布《能源发展战略行动计划（2014—2020）》，鼓励油气企业境外投资。在此期间，"三桶油"延续自己的海外扩张之路。陆续打开了俄罗斯、哈萨克斯坦、土库曼斯坦和乌兹别克斯坦四国的油气上游市场，获得在勘探和开发上的准入资格。同时中企推动在非洲加纳和喀麦隆等国家的开发行为，并在联合国解除对伊朗制裁后重返其油气行业。加速"走出去"的同时，中国油气企业在海外的运作模式进一步市场化。

二、中国能源海外投资的规模与结构

一是投资规模加大。根据美国企业研究所最新年度数据显示，2017年中国在能源领域中国企业海外能源投资、建设的总金额达 625.3 亿美元，较 2016 年历史峰值的 778.6 亿美元下降 19.68%。[①]

三大石油央企中，目前中石油在"一带一路"沿线的 19 个国家共有 91 个油气项目，大概占整个中石油总投资的 63%。至 2016 年年底，中国石化在"一带一路"沿线三十多个国家开展投资和项目合作，完成项目近 30 个。中海油在"一带一路"沿线二十多个国家进行投资、建设，海外资产占比 38.8%。

二是投资布局逐步完善。中国在能源资源领域的投资就区域性分布而言主要集中在亚洲邻国、非洲、澳洲、拉美以及加拿大、俄罗斯等地。

中亚五国位于全球能源资源地缘政治版图的心脏地带，中亚五国石化能源储量超过 300 亿吨油当量。资金和技术是中国石油企业进军中亚的优势，从 1997 年中国石油购入哈萨克斯坦阿克纠宾油气公司的股份开始，拉开了中国石油公司进入中亚开展油气合作的序幕。目前，中国石油集团在哈萨克斯坦的业务从上游到下游迅速扩展，形成了一体化的合作趋势。2009 年中国—中亚天然气管道的建成，并与中国西气东输二线工程实现对接，为土库曼斯坦、哈萨克斯坦和乌兹别克斯坦提供了东向的天然气出口通道和市场。

能矿资源开发是非洲国家经济起飞和发展的重要动力，2011 年年底中国对非能源资源类投资比重达到 30.6%。根据国务院新闻办

---

① 数据引用自 http://www.chinafile.com/american-enterprise-institute-public-policy-research。

发布的《中非经贸合作白皮书》中的数据，2009 年至 2012 年间，中国在非洲的直接投资已由 14.4 亿美元增长至 25.2 亿美元，年均增长率 20.5%。在这一领域，中国企业帮助非洲国家建立和发展上下游一体化的产业链，把能源资源优势转化为经济发展优势，并积极参与项目所在地的公共福利设施建设。

中国近年对石油、铁矿石等自然资源的需求迅速增长，拉美国家成为中国能源资源的重要投资地。2010 年 5 月至 2011 年 6 月，中国企业对拉美市场的投资额已达到约 156 亿美元，同比增长近三倍，中石化、中化国际以及国家电网仅在巴西市场投资已超过 120 亿美元。

俄罗斯已成为中国海外投资增长最快的国家之一。中俄之间除了数额巨大的油气贸易外，由于中国还是世界最大的煤炭消费国，俄罗斯远东地区拥有大量煤炭资源，因此双方合作互补性强。2013 年 12 月，中俄合资公司宣布将在扎舒兰矿床外贝加尔边疆区扎舒兰矿床建设露天矿场，预计年产能为 600 万吨，产出煤炭将供当地使用及出口中国。2017 年 4 月，中石油与俄气签订了俄罗斯阿穆尔天然气处理厂项目第二标段 EPC 合同，合同额达 25.2 亿美元。该项目为俄气保障中俄天然气供气协议的大型关键项目之一，建成后，最大天然气处理量达 420 亿立方米每年可生产 380 亿立方米商品气输往中国。

三是中国在国际社会秉承正确的"义利观"，特别是在广大发展中国家树立了良好的国家形象，由此为中国企业海外投资创造了较好的外部环境。

2009 年中非合作论坛召开第四届部长会，中国政府在会议上依旧宣布了一揽子对非援助举措，就是"新八项举措"。中国政府承诺三年内向非洲国家提供 100 亿美元优惠性质贷款，这个承诺在三年之内已经完全兑现。截至 2014 年，中石油在非洲共有 21400 名员工，其中当地雇员达到 17600 人，本土化达到 82%。国际机构研究结果显示，中非合作对非洲经济发展的贡献率超过 20%。中国在发展中国家特别是非洲国家良好形象的树立，回应了西方国家对于中国在非洲等地进行资源能源掠夺的指责，有关"中国能源安全威胁论"也不攻自破。

三、中国能源资源海外投资的影响因素

在全球背景下，中国能源资源海外投资的影响因素具有多重性，既有中国国内政策的积极推动作用，同时还要看到影响中国在能源资源领域投资的制约因素。

一是全球化因素。未来十年以美欧为代表的发达国家正在启动"再工业化"周期，"再工业化"的本质是产业升级和"归核化"（即向设计、研发、标准等价值链高端抬升），以新能源、环保、高附加值制造业、生产服务性制造业以及能够提高能源效率的高技术产业为代表的低碳经济将成为新一轮产业结构调整的主要推动力，这使得初级矿产资源以及基础大宗商品的需求也会趋于减少。

随着全球经济增长重心"由西向东"转移，全球资源能源消费重心也随之转移。根据英国 BP 公司 2012 年 12 月发布的《2030 年国际能源展望》预测，未来二十年发展中国家将以更加迅猛的势头加速发展，2030 年发展中国家人口、GDP 总量和一次能源消费总量占全球的份额将分别达到 87%、60% 和 70%，届时全球人口增长总量的 95%、GDP 增量的 70%、能源消费总量的 93% 将来自于发展中国家，特别是以中国、印度、巴西等新兴发展大国，对全球经济和能源消费增长将起到

显著的推动作用。① 新兴大国需求的增长将带来可观的贸易规模，这会大大提高新兴大国的能源资源议价能力，也会成为其重构全球能源与贸易秩序的重要因素和"筹码"。

二是外部投资环境制约因素。中国能源资源海外投资遇到了诸多的制约因素，主要体现在：

第一，外国投资审批机制正在成为中国投资者推进海外投资计划时首项制约因素。中国三一集团控股的罗尔斯公司在美国收购位于俄勒冈州某海军基地附近的风力发电场的项目遭到否决。国家安全考虑是导致美国政府作出这一决定的核心原因。截至 2017 年上半年，金额最大的两个受阻海外能源项目均与中海油有关，分别是 2005 年收购美国优尼科公司和 2006 年投资伊朗北帕尔斯气田，项目经济额分别达到 180 亿美元和 160 亿美元。

第二，不适应投资国的法制监管环境，以及由此可能造成的海外法律纠纷。中国投资者在进入外国市场时，对当地法律和文化上的差异缺乏必要的了解。中国企业进行海外投资时，往往而缺乏通盘的战略谋划。如在澳洲及拉美地区投资运营矿山，中国企业要经过人力成本、环保、土著、基础设施、后续投资五重考验，而这些都是企业做投资风险评估时的重要决策依据。因此，在对外投资过程中，中国对于海外公关的理解应逐步加强，在实践中也要有意识地聘请当地的律师或公关咨询公司去协调与投资国的政府、行业组织和劳工的关系。

第三，税负和劳动力问题也是影响中国投资者的投资意向的重大因素。如在澳大利亚，高额的碳排放税和劳工问题都是阻碍中澳在能

① BP Energy Outlook, *Energy Economics*, https://www.bp.com/en/global/corporate/energy-economics/energy-outlook.html.

源和资源领域深化合作的主要障碍。

四、加强中国能源海外投资管控，有效维护国家能源安全

中国能源海外投资的动因一方面受国内资源禀赋和资源需求影响，另一方面国际市场倒逼态势明显，总体而言属于中国国家安全利益的合理拓展。能源对外依存度是一个国家能源净进口量占本国能源消费量的比例，是衡量一个国家和地区能源供应安全的重要指标。2000 年以来，中国整体的能源对外依存度在持续上升，在 2005 年至 2015 年这 10 年间，能源的对外依存度从 6.0% 上升到了 16.3%，且自 2012 年起，就始终维持在 15% 以上的水平。具体来说，原油的依存度最为严重，从 2005 年的 39.5% 上升到了 2015 年的 60.69%，首次突破了 60% 的大关。在过去 10 年里，天然气的对外依存度增加最为明显，2015 年为 31.89%，而 10 年前该数据仅为 -6.4%。煤炭的依存度也从 2005 年的 -1.9% 上升到了 4.9%，但和 2013 年 7.5% 的峰值相比，已经略有下降。

国际能源市场的现状倒逼中国企业必须"走出去"。国际资源和能源价格历史上曾长期在低价位运行，这为西方发达国家顺利完成工业化进程起到积极作用。进入 21 世纪，能源和资源价格高企，这给包括中国在内的许多新兴发展中国家渴望发展经济和改善民生增加了大量的经济成本，迫使它们在完成工业化过程中付出比西方过去多得多的代价。

第一，着眼国家对外战略顶层设计。就对外投资的顶层设计而言，在国家层面要制定能源企业"走出去"长期发展战略规划，规划的主要内容应包括：对外投资的总体规模、投资区域、行业选择、投资方

式、投资主体、融资战略、最小进入规模及可享受的优惠政策等，为企业"走出去"提供战略指引。

在组织领导层面，应设立"走出去"专项领导小组，将工作重点放在加大对外直接投资的支持力度上，具体可着眼统筹对外直接投资整体规划、设立重点行业专业投资公司等。可以借鉴日韩做法，设立"走出去"重点能源行业的专业投资公司，将中投的财务投资与专业投资公司的产业投资相结合，实现投资渠道的多元化。

此外，国家还应通过倾斜政策引导企业重点向以下地区投资：资源丰富地区、人均收入虽然较高但并未建立完整工业体系的国家、尚未开发且仍需要大量基础设施建设的地区（如非洲）、建立自由贸易区的成员国、已经和将要与中国签订自由贸易协定的国家及周边国家。[①]

第二，构建政府与民间海外能源投资的应急预警机制。要进一步完善对外投资合作境外安全风险控制体系，指导对外投资合作企业了解和掌握国际安全形势变化，采取有效措施积极防范和妥善应对各类境外安全风险，不断提高境外安全管理水平。

建立和完善我国企业对外投资的信息服务，使之形成体系化，并完善与之相关信息的数据库，为企业对外投资提供有效的咨询信息；对"走出去"的企业投资国建立风险预警，提高我国在外员工和企业对风险的防御能力，及时为他们提供智力支持和外交保护，在中国企业受到保护主义侵害的时候，应该及时出面进行协调，从而保护好其利益；要建立监督跟踪的体制，能够对企业在"走出去"的过程中所遭遇的突发事件及时掌握并给出应急方案。

---

① 王宾：《以对外投资战略促经济转型的经验借鉴》，《人民论坛》2012 年第 33 期。

第三，规范和鼓励民企投资海外能源。民营企业经营机制灵活，善于捕捉市场信息，且其民营的身份也更易被国外政府和市场接受，在对外直接投资方面独具优势，但在资本实力、抗风险能力方面存在着劣势，融资也面临一定的瓶颈。

借鉴韩国和日本经验，政府可以建立专门机构为民营企业提供境外投资的相关信息，将大型民营企业投资能源资源项目作为境外重点扶持项目，同时为民营企业营造良好的境外投资氛围，充分发挥民营企业的海外人脉关系和良好的产业基础，鼓励民营企业积极"走出去"参与能源资源跨国投资，利用其在政治上和运作机制上的灵活性，减弱部分东道国对我国能源资源型企业境外投资的过度政治化认识。[①]

鉴于国内现有"走出去"融资支持和专项资金补贴的准入门槛较高，民营企业较难获得相关支持的实际，建议设立海外产业投资基金，通过政府指导、市场化运作方式，适度向有条件的民营中小企业倾斜。

第四，凝聚中国能源海外投资的战略合作。在全球资源竞争日益激烈的环境下，我国资源型企业首先应加强与国内具有相同发展战略的资源型企业联合，共同开展海外能源资源投资，避免为争夺海外资源而造成恶性竞争。同时，要争取与外国大型跨国公司建立深入广泛的合作关系，降低因并购东道国大型企业导致东道国政府的敏感反应。

第五，优化涉外国有企业的公司治理结构。规范的公司治理结构是现代企业高效运行的基本前提，也是跨国企业有效抵御对外投资风险的重要保证。目前，一些对外能源资源投资企业由于种种原因，尚未建立起产权结构明晰、责权统一、运转协调、有效制衡的管理模式，

---

①　郑磊：《资源型企业海外投资的思考与建议》，《光明日报》2014 年 5 月 1 日。

这一方面导致对外投资企业经营管理效率低下，缺乏国际竞争力；另一方面造成企业被个别"内部人控制"的格局，很难应对跨国投资过程中的高风险。必须借鉴国际大型跨国公司的先进管理经验，建立健全海外企业的法人治理机制。

当前，来自中国的企业很明显的变化是，在进行海外矿业并购时，从此前"100%完全收购"开始立足于少数股权的投资以及更大的整合和运营影响，这是在海外投资领域优化公司治理结构的重要体现。

第四节　加快石油储备　逐步提高能源领域话语权

石油储备是中国能源应急的重要战略措施，当前世界各国高度重视战略石油储备（Strategic Petroleum Reserve），甚至将其视为国家整体安全战略的有机组成部分，而石油期货是提高在能源领域话语权的重要举措。

一、国外石油储备的经验和做法

所谓战略石油储备（SPR），是应对短期石油供应冲击（大规模减少或中断）的有效途径之一。它本身服务于国家能源安全，以保障原油的不断供给为目的，同时具有平抑国内油价异常波动的功能。根据国际能源机构（IEA）的定义，石油储备是指"某国政府、民间机构或石油企业保有的全部原油和主要的库存总和，包括管线和中转站中的存量"[1]。世界众多发达国家都把石油储备作为一项重要战略加以实施。

---

[1]　BP, *Energy Outlook*, https://www.bp.com/en/global/corporate/energy-economics/energy-outlook.html.

对石油进口国而言，战略石油储备是对付石油供应短缺而设置的头道防线，其主要经济作用是通过向市场释放储备油来减轻市场心理压力，从而降低石油价格不断上涨的可能，达到减轻石油供应对国家整体经济冲击的程度。[①]

战略石油储备制度起源于 1973 年中东战争期间。当时，由于欧佩克石油生产国（OPEC）对西方发达国家搞石油禁运，发达国家联手成立了国际能源署机构（IEA）。成员国纷纷储备石油，以应对石油危机。国际能源署要求成员国至少要储备 60 天的石油，主要是原油。20 世纪 80 年代第二次石油危机后，他们又规定增加到 90 天，主要包括政府储备和企业储备、机构储备三种形式。[②] 当今世界只有为数不多的国家战略石油储备达到 90 天以上。目前存在战略储备与平准库存两种石油储备形式：战略石油储备是以在战争或自然灾难时以保障国家石油的不间断供给为目的的；而以平抑油价波动为目的的石油储备则为平准库存。储备方法包括：陆上油罐，海上油罐，地下油罐，地下岩穴、岩洞储存，报废矿井储存。

当前，西方发达国家石油储备制度比较成熟的有美国、日本以及法国。1975 年，美国国会通过了《能源政策和储备法》（简称 EPCA），授权能源部建设和管理战略石油储备系统，并明确了战略石油储备的目标、管理和运作机制。美国的石油储备分为政府战略储备和企业商业储备。尽管美国政府战略石油储备规模居世界首位，但企业石油储备远远超过政府储备。目前，美国全国的石油储备相当于 158 天进口量，

[①]　《什么是战略石油储备？》，《中外能源》2007 年第 6 期。

[②]　中国现代国际关系研究院经济安全研究中心：《全球能源大棋局》，时事出版社 2005 年版，第 109—113 页。

其中政府储备为 53 天进口量，仅占 1/3。美国战略石油储备的运行机制可以概括为：政府所有和决策，市场化运作。战略石油储备由联邦政府所有，从建设储库、采购石油到日常运行管理费用均由联邦财政支付。联邦财政设有专门的石油储备基金预算和账户，基金的数量由国会批准，只有总统才有权下令启动战略储备。克林顿政府时期，战略石油储备政策发生了一些改变，几次动用储备以调控石油市场和平抑油价。小布什执政时期，特别是"9·11"恐怖袭击后，美国的战略石油储备政策又明显调整。小布什政府认为，作为美国经济命脉的石油供应，一旦由于突发事件发生中断，可能会对美国带来灾难性影响。因此，在 2001 年 11 月中旬，布什下令能源部迅速增加战略石油储备，此后，美国的战略石油储备迅速增加。[①]

日本重视石油储备是与其资源贫乏的国家实际情况紧密联系的。日本的石油储备分三个层次：国家石油储备、法定企业储备和企业商业储备。日本加强石油储备的方式多种多样，最初依靠油轮储油，后来建立石油储备基地。到 1996 年，日本相继建成 10 个国家石油储备基地，结束了油轮储油的时代。日本政府的石油储备基地主要设在九州地区，容量占全国的 42%。石油储备的方式主要有海上油罐方式、半地上油罐方式和地下岩洞油库等。除了已经建成的国家石油储备基地之外，日本政府还从民间租借了 21 个石油储备设施。经过 30 年的不断完善，日本战略石油储备制度已成为本国石油消费的安全保障，其储备量已达到满足 169 天的石油消费。[②]作为世界第二大石油储备国的日本却基本上能够实现自我平衡，其做法是：按照市场规律，低进高出，即低价进

[①] 《美国战略石油储备（二）》，《中外能源》2007 年第 6 期。
[②] 《日本和法国石油储备战略》，《中外能源》2007 年第 6 期。

口原油，精细加工，创造巨大的附加值；另外，适当考虑国际、国内
市场的油价波动，定期或经常有计划地拿出一部分作为"活储"，供周
转经营，以获得一定的经济效益。[①]

　　法国是最早建立企业石油储备制度的国家，以法定企业储备为主。
1923 年起，法国政府要求石油运营商必须保持足够的石油储备。1925
年 1 月 10 日，法国议会通过法案，成立国家液体燃料署，管理石油储
备，初衷是满足军队燃料需求。随着石油储备应用范围不断扩大，储
备石油目的随之发生变化，由应付战争变成了避免能源短缺的冲击。20
世纪 60 年代，法国率先实行的石油储备政策，逐渐被欧洲乃至世界其
他国家仿效。法国政府 1992 年 12 月颁布法律，每个石油经营者都要
承担应急石油储备义务，并维持上一年原油和油品消费量 26% 的储量，
相当于 96 天的储备量。[②]

　　德国石油储备机制由三部分组成。第一部分是石油储备联盟（EBV）
的储备，拥有并管理着相当于 90 天份额的德国战略石油储备。第二部
分是政府石油战略储备，相当于 17 天份额的德国石油战略储备，全
部是原油。第三部分是德国企业自身的石油战略储备。石油储备联盟
的储备是德国石油战略储备的主力，石油储备联盟的储备主要有三种：
汽油、中间馏分油（柴油、轻油等）、重油。德国所有生产这三种油品
的公司、向德国进口这三种油品的公司、使用石油发电的电厂，都是
石油储备联盟的义务会员。会员按照储备品种向石油储备联盟缴纳会
费。在储备分布上，石油储备联盟将全德国分成东部、北部、西北部、
西南部和南部 5 大供应区，按区设立相应的储油库，每个供应区的储

---

①　冯春萍：《日本石油储备模式研究》，《现代日本经济》2004 年第 1 期。
②　《日本和法国石油储备战略》，《中外能源》2007 年第 6 期。

量必须保证该区 15 天以上的供给。德国法律禁止石油储备联盟从事石油投机买卖活动，但允许其出售超过储备义务标准 105% 以上部分，出售收入归己。前提是不能干扰石油市场，可以市场价但不能低于平均进货价格出售。[①]

二、中国石油储备的现状与未来布局

2007 年 12 月，中国国务院新闻办公室发布的《中国的能源状况与政策》白皮书指出：按照统一规划、分步实施的原则，建设国家石油储备基地，扩大石油储备能力。中国的石油储备包括国家战略石油储备、地方石油储备、企业商业储备和中小型公司石油储备四级石油储备体系，就中国面临的实际国情和国际安全环境而言，国家战略石油储备为主体，其他储备系统为补充。

2007 年 12 月 18 日，中国国家石油储备中心正式成立，石油储备中心就设置于能源局之下。作为中国石油储备管理体系中的执行层，其宗旨是为维护国家经济安全提供石油储备保障，职责是行使出资人权利，负责国家石油储备基地建设和管理，承担战略石油储备收储、轮换和动用任务，监测国内外石油市场供求变化。该中心成立将对建立和完善中国特色的石油储备管理体系，加快战略石油储备建设，规范石油储备运作，起到不可替代的重要作用。

自 2003 年起，中国开始在镇海、舟山、黄岛、大连四个沿海地区建设第一批战略石油储备基地，储备能力总计 1400 万吨。四大石油储备基地建成后，预计相当于十余天原油进口量。再加上全国石油系统

---

① 武正弯：《德国特色的"3E"石油安全机制》，《中国能源报》2011 年 11 月 7 日第 10 版。

内部 21 天进口量的商用石油储备能力，中国总的石油储备能力将超过
30 天原油进口量。其中镇海基地于 2006 年 9 月建成并进入试运行阶段，
是中国第一个建成投入使用的国家石油储备基地。黄岛、大连和舟山
基地分别于 2007 年 12 月、2008 年 11 月和 2008 年 12 月建成投运。到
2008 年年底，中国国家石油储备一期项目四个基地已全部建成。在国
家发展改革委、财政部、国家能源局的组织下，目前已基本完成国家
储备石油的收储任务。根据初步规划，我国建立的是 30 天的石油储备
数量。

中国派遣军舰赴亚丁湾索马里海域参加护航任务，既是对中国石
油安全的维护，也是对国际安全的维护。由于国际油价大幅下跌，中
国大规模买进国际原油作战略储备正当其时。中国石油储备年开始提
速，国内最大的战略石油储备库新疆鄯善原油储备库，已经开始注入
来自哈萨克斯坦的原油。金融海啸对中国来说是有危有机，既对中国
实体经济造成严重影响，也给中国石油战略储备带来机遇。石油作为
一种战略资源，只会越来越稀缺，当前国际油价已经跌破每桶 35 美元
低位，其中的泡沫基本被挤干净，相比国际油价每桶 150 美元的高位，
中国大规模买进国际原油作战略储备正当其时。的确，目前全球遭遇
金融危机经济十分不景气的情况下，适当地购进原油来作战略储备是
比较明智的选择，现在的低油价时机如果抓不住，等到油价高了再买
就会面临成本过高的问题。

根据经济合作发展组织（OECD）国家对石油储备的要求，需有相
当于该国消耗石油量 90 天的储备量。美、日、德、法的石油储备量分
别相当于其 158 天、169 天、117 天和 96 天的石油消费。相较而言，中
国在石油储备上还是落后的，有待进一步予以加强。

2009 年 9 月，中国国家发改委副主任、国家能源局局长张国宝宣布新疆独山子国家石油储备基地已开工兴建，标志着中国第二期石油储备基地建设全面展开。并且他还透露，未来中国还将建设第三期石油储备。2020 年以前，中国将陆续建设国家石油储备第二期、第三期项目，形成相当于 100 天石油净进口量的储备总规模，进一步增强中国应对石油中断风险的能力，为保障石油供应安全、稳定石油市场，促进国民经济平稳运行发挥积极作用。到 2020 年三期项目全部完成时，中国的战略石油储备基地总容量将达到 5.03 亿桶的水平。而日本的战略石油储备总容量高达 9 亿桶，美国则超过 20 亿桶。

2014 年，中国首次公开战略石油储备情况。一期工程包括舟山、镇海、大连和黄岛 4 个国家石油储备基地，总储备库容为 1640 万立方米，储备原油 1243 万吨。到 2015 年年中，国家石油储备基地增加至 8 个，总储备库容增加至 2860 万立方米。利用上述储备库及部分社会库容，储备原油增加至 2610 万吨。相比之下，2016 年年中增加了储备基地一个，原油的储备量增加 715 万吨，增幅为 27.4%。至 2016 年年中，中国建成舟山、舟山扩建、镇海、大连、黄岛、独山子、兰州、天津及黄岛国家石油储备洞库共 9 个国家石油储备基地，利用上述储备库及部分社会企业库容，储备原油 3325 万吨这意味着中国石油储备建设又向前一步。国际能源署设定的一国石油储备安全标准线为 90 天。而据多方测算，目前中国原油储备只相当于不足 40 天的石油净进口量。数据显示，美国目前的战略储备约 9365 万吨，足以支持 149 天的进口保护；日本的战略储备也接近 150 天；德国的战略储备为 100 天。

今后，中国石油储备的未来布局要基于以下三点进行综合考虑：第一，以法制化为首要原则。当前中国的石油储备主要是根据国际惯例和国家能源安全现状推行的，当然处于初创时期必然会经历一定的探索阶段，但是长远看中国的石油储备必须纳入法制化的发展轨迹，要加快立法，包括尽快制定和颁布《石油法》和《石油储备法》。第二，中国石油储备应该秉承多元化的发展路径。多元化则指中国的石油储备宜"藏油于民"，除了政府履行战略储备的义务外，还要推动公司和机构进行储油。此外有关石油储备的资金来源也要多元化，除财政拨款外，根据我国的国情可通过征收石油税筹集储备资金。第三，中国的石油储备要迈向科学化的发展方向：首先，储备布局要科学化，从安全的角度而言既要使储备点靠近炼化设备集中地或者口岸码头，又要出于战备考虑使储备点在战略纵深上实现分散；其次，储备方式要科学化，要根据中国的国情确定资源储备与实物储备的合理比例，其前提在于对于国内油气资源和社会油气库存的数据进行精细化调查，由此确定储备数量和储备方式的最佳结合点。

总之，强化中国石油储备，增强抵御国际能源危机的应急能力，是中国能源安全的题中之义。

三、完善中国石油期货制度，维护在能源领域的话语权

原油期货是商品期货中最大的品种，交易金额巨大。据美国期货业协会（FIA）的数据显示，在全球市场中，金融期货交易量占全球期货总交易量的88%，商品期货占比10%，其中能源期货占所有商品期货的1/3左右。我国是世界上重要的石油生产国和第二大消费国，为了提高我国在国际原油市场的定价权，消除"亚洲升水"，维护国家的原油战略安全，为国内原油企业提供保值避险手段，完善国内成品油定价机制，上海期货交易所子公司上海国际能源中心股份有限公司推出原

油期货。

2018年3月26日上午，中国原油期货在上海国际能源中心（INE）挂盘交易。中国原油期货的最大亮点是，以人民币计价、可转换成黄金。这将对美元在国际原油贸易结算中所处的主导地位构成冲击。分析人士称，这样的制度创新在不少交易商看来是极大的诱惑，他们可以避开使用美元、同时又有权拒绝接收人民币，等于变相把人民币挂钩黄金。

为支持原油等货物期货市场对外开放，财政部、税务总局、证监会已于3月13日下发通知提供税收减免：对境外机构投资者（包括境外经纪机构）从事中国境内原油期货交易取得的所得（不含实物交割所得），暂不征收企业所得税；对境外经纪机构在境外为境外投资者提供中国境内原油期货经纪业务取得的佣金所得，不属于来源于中国境内的劳务所得，不征收企业所得税。

自原油期货对外开放之日起，对境外个人投资者投资中国境内原油期货取得的所得，三年内暂免征收个人所得税。

证监会前副主席姜洋撰文指出，中国作为全球第一大原油进口国和第二大原油消费国，推出原油期货主要是基于本国实体经济发展和进一步改革开放的需要。此外，中国版原油期货上市，为石油石化及相关企业提供保值避险的工具，整个石油产业链都将迎来新的发展机遇。

2018年5月上旬，中国原油期货价格屡创新高，5月10日中国原油期货收盘价报476.40元/桶，相比开盘价466.30元/桶大涨10.10元，盘中最高价一度冲高到477.90元/桶新高，日内成交165456手。由于中东局势不断发酵，美国撕毁伊核协议所引发了全球原油供应恐慌。5

月，美国总统特朗普表示，美国将退出"不可接受的伊朗协议"，重新对伊朗实施制裁，"制裁针对伊朗经济的关键领域，如能源、石化和金融部门。"美国财政部称，180 天过渡期结束后，美国将重新对伊朗央行、指定的伊朗金融机构及伊朗能源领域实施制裁。[①]

原油期货是我国第一个对外开放的期货品种。建设原油期货市场是我国期货市场的对外开放和国际化的重要实践之一，长期以来，一直受到境外各类机构的高度关注。目前，上海原油期货与国际指标期约美国 WTI 及布伦特原油的相关性正上升，增强了市场参与者的信心，不过交易员多表示，市场流动性据信仍是由投机的散户带动。

总之，发达国家竭力维护全球能源市场主导权，进一步强化对能源资源开发、战略运输通道和金融定价市场的控制。能源输出国资源民族主义抬头，不断加强对本国资源的控制。北极成为能源资源争夺的新热点，美国、俄罗斯、加拿大、挪威等环北极国家纷纷加紧了对北极资源的争夺。

此外，仍在继续发酵的乌克兰危机对世界能源格局的影响需要进一步观察。比如，西方世界会不会"故伎重演"，通过国际金融市场打压油价，以此作为制裁和遏制俄罗斯的战略举措；欧洲会不会加快能源进口多元化步伐，与我在非洲、中东等地展开更加激烈的竞争；俄罗斯会不会加快能源东向步伐，使中俄油气合作进程加快等。

---

① The Iran Deal will Limp along without America—for Now—The Atlantic, https://www.theatlantic.com/international/archive/2018/05/us-leaves-iran-deal/559646/.

结　束　语

　　能源安全是关系国家经济社会发展的全局性和战略性的问题，对国家的繁荣发展、人民生活的改善、社会的长治久安都是至关重要的，必须从战略和全局的角度加以把握。

一、在总体安全观框架中把握国家能源安全的核心要旨

　　党的十八大以来，在中国和平发展与世界急剧变化两个历史性维度的交织作用下，我国国家安全内涵和外延比历史上任何时候都要丰富，时空领域比历史上任何时候都要宽广，内外因素比历史上任何时候都要复杂，各种威胁和挑战联动效应特别明显。

　　2013年11月9日至12日，党的十八届三中全会决定，成立国家安全委员会，完善国家安全体制和国家安全战略，确保国家安全。2014年4月15日，习近平总书记在国家安全委员会第一次会议上首次提出"总体国家安全观"。总体安全观从中国特殊国情出发，将政治、经济、军事、社会等十一个领域安全纳入一个有机整体中来统筹考虑，实现内部安全与外部安全、国土安全和国民安全、传统安全和非传统安全、自身安全和共同安全、安全问题和发展问题的有机统一，为新形势下中国国家安全战略调整提供了理论指导。

2015 年 1 月 23 日，中共中央政治局审议通过《国家安全战略纲要》，强调在新形势下维护国家安全，必须坚持以总体国家安全观为指导，坚决维护国家核心和重大利益，以人民安全为宗旨，在发展和改革开放中促安全，走中国特色国家安全道路。2015 年 7 月 1 日，第十二届全国人大常委会第十五次会议通过《中华人民共和国国家安全法》。

总体国家安全观是实现中国国家安全战略的理论指导，旨在更好地统筹国内国际两个大局、安全与发展两件大事，更好地解决国家安全面临的新问题和新挑战。

总体国家安全观的基本内容为：人民安全是宗旨，政治安全是根本，经济安全是基础，军事安全、文化安全、社会安全是保障，促进国际安全是依托。"以人民安全为宗旨"，强调"坚持以民为本、以人为本，坚持国家安全一切为了人民、一切依靠人民，真正夯实国家安全的群众基础。"以政治安全为根本，就是坚持党的领导和中国特色社会主义制度不动摇，把制度安全、政权安全放在首要地位，坚决抵制西方反华势力的意识形态渗透，为国家安全提供根本的政治保证。以经济安全为基础，就是要确保国家经济发展不受侵害，保持经济持续健康发展，提高国家的经济实力，为国家安全提供坚实的物质基础。以军事、文化、社会安全为保障，注意解决面临的大量新情况和新问题，为国家安全提供硬实力和软实力保障。以促进国际安全为依托，始终不渝地坚持走和平发展道路，在注重维护本国安全利益的同时，注重对外求和平、求合作、求共赢，推动建设持久和平、共同繁荣的和谐世界。

2014 年 6 月 13 日，习近平主持召开中央财经领导小组第六次会议并发表重要讲话，指出能源安全是关系国家经济社会发展的全局性、战略性问题，对国家繁荣发展、人民生活改善、社会长治久安至关重要。面对能源供需格局新变化、国际能源发展新趋势，保障国家能源安全，必须推动能源生产和消费革命。

二、改革管理体制，实现国家能源应急管理体系的高效运作

多年来，面对能源供需格局新变化、国际能源发展新趋势，中央政府不断调整能源管理体制，优化能源管理部门及职能，适应了我国能源发展和变革的基本要求，总体保障了经济社会的快速和可持续发展。伴随"放管服"改革，我国能源行业行政效能有了较大幅度提高。

面对中国能源安全的严峻形势，有必要改革能源管理体系，实现国家能源安全体系的高效运作。多年来，虽然有众多政府部门管理能源行业，但能源管理的职能并没有加强，反而因拆分而更加弱化。他说中央领导近年来已意识到能源的重要地位，国家发改委下设能源局，以总理为组长的国家能源领导小组也宣告成立，但能源管理体制上的问题并未解决。一方面，能源局是个局级单位，只有几十名工作人员，他们直接面向企业，每年要负责全国上万个能源项目的审批实施，无论是权力上，还是人力上，都不可能在国务院各部之间以及大型国有能源企业之间发挥有效的管理和协调作用，而且还有政企不分之嫌；另一方面，国务院能源领导小组级别太高，而且仅是个"领导小组"，只能起重大决策作用，与构想中的能源部职责不同。

中国欧盟商会能源工作组主席陈新华博士也认为中国政府近年来对能源安全高度重视，在国家发展和改革委设立了能源局，并成立了国家能源工作的高层次议事协调机构——国家能源领导小组。但从更有效地应对中国能源行业所面临的挑战方面看，设立一个专职的国家

能源主管部门仍然是必要的。

中国解决能源问题的核心是统筹兼顾，尤其是加强对于能源安全工作的统一领导和合理布局。从整体上考量，维护中国能源安全体系的稳定性和均衡性首先需要成立负责国家能源安全的"总体设计部"。与美国能源部相比，中国主管能源的部门只是国家发展和改革委员会下属的能源局，这与中国能源安全的现状极不符合，中国当前必须设立国家能源安全委员会统筹中国的能源安全大局，由总理或者副总理任委员会主任，成员包括能源部（注：目前仍未恢复）、国家发改委、国资委、商务部、国防部、交通部、科技部、环保总局、安监总局等部门及有关行业协会和国有大中型能源生产、流通企业的主管领导，特别是应该恢复设立能源部负责国家能源生产和流通及技术改造、节能规划等具体业务。

在我国经济管理体制中，能源管理体制是变动最为频繁的体制之一。每隔几年，能源监管体制都会发生变革。由于缺乏有效的能源安全管理体制，一方面难以出台统一协调的政策措施，另一方面即使出台宏观能源政策，也无专门机构贯彻实施，更无法实现长远的政策目标。能源法就涉及 15 个部委，石油储备条例涉及 4 个部委 12 家单位，沟通协调之难，异乎寻常。美国能源部是联邦政府在能源技术基础科学研究方面最主要的管理和资助机构，现有工作人员 17000 人，主要负责核武器的研制、生产、运行维护和管理以及联邦政府能源政策制定、行业管理、相关技术研发等工作。[1]

随着能源市场化改革的进一步深入以及安全生产形势的深刻变化，

---

[1] United States Department of Energy，https://www.energy.gov/.

需要不断创新监管方式、丰富监管手段、提升监管效能。而积极借鉴国外的成熟做法，以"大监管"的理念，构建多方合作机制，推进能源监管体系建设，更好地服务能源行业健康可持续发展，无疑是一个具有操作性的现实选择。

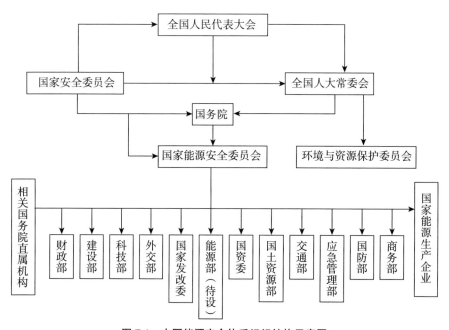

图 7.1　中国能源安全体系组织结构示意图

当前各界人士的普遍共识是：应该以国家能源领导小组办公室和国家发改委能源局为基础，组建国家能源部，将分散在各个政府部门的能源宏观管理职能集中起来，统一移交能源部管理，对煤炭、电力、石化、核能等国有特大型能源企业行使宏观管理职能，同时建立地方各级能源管理部门，并相应建立能源管理机构与相关部门之间的工作协调机制，形成自上而下的"大能源"综合管理体系。

　　总之，能源管理体制改革是一项系统性工程，要在中央全面深化改革领导小组的领导下，总体设计、统筹协调、积极有序推进。要立足国情，高度重视和正确处理集中与分散、中央与地方、条条与块块的关系，以充分发挥各方的积极性。

参 考 文 献

一、中文文献

（一）著作类

1. 陈军、袁华堂编：《新能源材料》，化学工业出版社 2003 年版。

2. 成思危主编：《复杂性科学探索（论文集）》，民主与建设出版社 1998 年版。

3. 成思危：《复杂性科学探索》，民主与法制出版社 1999 年版。

4. 辞海编辑委员会：《辞海》，上海辞书出版社 2000 年版。

5. 大辞海编辑委员会：《大辞海》（环境科学卷），上海辞书出版社 2006 年版。

6.《党的十九大报告辅导读本》，人民出版社 2017 年版。

7. 戴逸：《乾隆帝及其时代》，中国人民大学出版社 1992 年版。

8.《邓小平文选》第三卷，人民出版社 1993 年版。

9. 恩格斯：《自然辩证法》，人民出版社 1960 年版。

10. 恩格斯：《反杜林论》，人民出版社 1970 年版。

11. 冯跃威：《石油博弈》，企业管理出版社 2003 年版。

12. 葛家理等：《现代石油战略学》，石油工业出版社 1998 年版。

13. 关捷主编：《日本对华侵略与殖民统治》（上），社会科学文献出版社 2006 年版。

14. 国家发展和改革委员会能源研究所:《中国 2050 高比例可再生能源发展情景暨路径研究》。

15. 郭治安、沈小峰编:《协同论》,山西经济出版社 1991 年版。

16.《韩非子》(卷十九),《五蠹》(卷四十九),钦定文渊阁四库全书本。

17. 郝侠君等主编:《中西 500 年比较》,中国工人出版社 1989 年版。

18. 黄晓勇:《世界能源发展报告》(2014),社会科学文献出版社 2014 年版。

19. 李传统主编:《新能源与可再生能源技术》,东南大学出版社 2005 年版。

20. 刘长明等:《中国石油市场的战略构想》,经济科学出版社 1998 年版。

21.《马克思恩格斯选集》第一卷,人民出版社 1995 年版。

22.《马克思恩格斯全集》第 3 卷,人民出版社 1972 年版。

23.《马克思恩格斯选集》第四卷,人民出版社 1995 年版。

24. 倪健民主编:《国家能源安全战略报告》,人民出版社 2005 年版。

25. 齐高岱等编译:《中东局势与能源危机:欧佩克 30 年的发展和政策》,经济管理出版社 1991 年版。

26. 钱学森等:《论系统工程》,湖南科学技术出版社 1982 年版。

27.(宋)沈括:《梦溪笔谈》(卷二十四),辽宁教育出版社 1997 年版。

28. 史丹:《中国能源安全的新问题与新挑战》,社会科学文献出版社 2013 年版。

29. 史丁:《日本关东军侵华罪恶史》,社会科学文献出版社 2005 年版。

30. 王鸿生:《中国历史中的技术与科学——从远古到今天》,中国人民大学出版社 1997 年版。

31. 王能全:《石油与当代国际经济政治》,时事出版社 1993 年版。

32. 吴彤编著:《现代科学技术与当代社会》,内蒙古大学出版社 1998 年版。

33. 徐小杰:《新世纪的油气地缘政治:中国面临的机遇与挑战》,社会科学文献出版社 1998 年版。

34. 吴彤:《自组织方法论研究》,清华大学出版社 2001 年版。

35. 吴磊:《中国石油安全》,中国社会科学出版社 2003 年版。

36. 王家诚、赵志林主编:《中国能源发展报告》,中国计量出版社 2001 年版。

37. 王亚栋:《能源与国际政治》,中共中央党校出版社 2002 年版。

38. 王革华主编:《新能源概论》,化学工业出版社 2006 年版。

39. 阎长乐、赵志林主编:《中国能源发展报告》,中国计量出版社 2003 年版。

40.《习近平谈治国理政》,外文出版社 2014 年版。

41. 薛澜、张强、钟开斌:《危机管理转型期中国面临的挑战》,清华大学出版社 2003 年版。

42. 中国现代国际关系研究院经济安全研究中心:《全球能源大棋局》,时事出版社 2005 年版。

43. 中国现代国际关系研究院海上通道安全课题组:《海上通道与国

际合作》，时事出版社 2005 年版。

44. 中国石油论坛报告文集：《21 世纪中国石油发展战略》，石油工业出版社 2000 年版。

45. 张联芝主编：《中英通使二百周年学术研讨会论文集》，中国社会科学出版社 1996 年版。

46. 赵明东：《巨大的转变：战后美国对东亚的政策》，天津人民出版社 2002 年版。

47. 张坤民、潘家华、崔大鹏主编：《低碳经济论》，中国环境科学出版社 2008 年版。

48. 张仕荣：《新时期中国能源安全体系》，九州出版社 2012 年版。

49. 周凤起、周大地主编：《中国中长期能源战略》，中国计划出版社 1999 年版。

（二）译著类

50.［英］安东尼·桑普森：《七姊妹——大石油公司及其创造的世界》，伍协力译，上海译文出版社 1979 年版。

51.［比］贝雷比：《世界战略中的石油》，时波等译，新华出版社 1980 年版。

52.［日］冲野秀明等：《2000 年的能源安全》，时事出版社 1990 年版。

53.［美］戴维·A.迪斯、约瑟夫·S.奈伊合编：《能源与安全》，李淼等译，上海译文出版社 1984 年版。

54.［美］尼古拉斯·雷舍尔：《复杂性：一种哲学概观》，吴彤译，上海世纪出版集团 2007 年版。

55.［美］米歇尔·沃尔德罗普：《复杂——诞生于秩序与混沌边缘

的科学》,陈玲译,三联书店 1997 年版。

56.［俄］斯·日兹宁:《国际能源政治与外交》,强晓云主译,华东师范大学出版社 2005 年版。

57.［德］威廉·恩道尔:《石油战争》,赵刚等译,知识产权出版社 2008 年版。

（三）期刊类

58. 白泉、佟庆:《美国能源多样化战略及其对于我国的启示》,《宏观经济管理》2005 年第 4 期。

59.《低碳技术 市场广阔》,《科技与出版》2008 年第 7 期。

60. 冯春萍:《日本石油储备模式研究》,《现代日本经济》2004 年第 1 期。

61.《高层视点》,《创新科技》2008 年第 10 期。

62. 胡玉清、马先才:《我国热电联产领域现状及发展方向》,《黑龙江电力》2008 年第 1 期。

63. 胡鞍钢:《"绿猫"模式的新内涵——低碳经济》,《世界环境》2008 年第 2 期。

64. 江亿:《科学发展实现中国特色建筑节能》,《城市住宅》2009 年第 1 期。

65.J.P. 弗里特:《能源安全仍是头等大事》,薛桐译,《国际石油经济》1995 年第 5 期。

66.《加快节能减排技术研发 迎接低碳经济到来》,《中国科技产业》2008 年第 3 期。

67. 李凤仪、梁冰:《能源安全工程研究体系探讨》,《中国安全科学学报》2005 年第 11 期。

68. 李瑞庆、魏学好：《德国电力市场化改革的启示》,《华东电力》2007 年第 1 期。

69. 李秀峰、徐晓刚、刘利亚：《我国农村秸秆能源消费及其预测》,《生态经济》2009 年第 1 期。

70. 李雪慧、史丹：《新形势下我国能源安全的现状及未来战略调整》,《中国能源》2016 年第 7 期。

71. 梁丽萍：《中国环境保护：探索前进、喜中有忧的 30 年——访原国家环保总局副局长王玉庆》,《中国党政干部论坛》2008 年第 9 期。

72. 倪维斗、靳晖、李政、郑洪弢：《二甲醚经济：解决中国能源与环境问题的重大关键》,《煤化工》2003 年第 4 期。

73. 倪维斗、高健、陈贞、李政：《用风电和现代煤化工的集成系统生产"绿色"甲醇 / 二甲醚》,《中国煤炭》2008 年第 12 期。

74. 吕致文：《解决我国能源安全结构性问题的策略》,《宏观经济管理》2005 年第 9 期。

75. 马小军、惠春琳：《美国全球能源战略控制态势评估》,《现代国际关系》2006 年第 1 期。

76. 苗东升：《复杂性科学的现状与展望》,《系统辩证学学报》2001 年第 4 期。

77.《美国战略石油储备（二）》,《中外能源》2007 年第 6 期。

78. 邱晴川：《美太平洋总部司令基廷把着中国油路阀门》,《环球人物》2007 年第 23 期。

79.《日本和法国石油储备战略》,《中外能源》2007 年第 6 期。

80. 宋华岭、金智新、耿殿明、李金克：《论我国煤炭储备与供应国际化延伸战略》,《中国软科学》2005 年第 3 期。

81.《什么是战略石油储备？》,《中外能源》2007 年第 6 期。

82. 钱学森、于景元、戴汝为:《一个科学新领域——开放的复杂巨系统及其方法论》,《自然杂志》1990 年第 1 期。

83. 杨绍军:《以水电为主的能源基地建设与国家能源安全》,《云南电业》2006 年第 5 期。

84. 杨庆舟:《我国能源管理体制变革模式研究》,《煤炭经济研究》2007 年第 4 期。

85. 张文木:《中国能源安全与政策选择》,《世界经济与政治》2003 年第 5 期。

86. 张坤民:《低碳世界中的中国:地位、挑战与战略》,《中国人口·资源与环境》2008 年第 3 期。

87. 王峥、孙大明:《住宅中地源热泵适用性探讨》,《住宅产业》2009 年第 Z1 期。

88. 谢克昌:《煤炭的低碳化转化和利用》,《山西能源与节能》2009 年第 1 期。

89. 徐玲琳等:《20 世纪 90 年代以来世界能源安全时空格局演化过程》,《地理学报》2017 年第 12 期。

90. 张颖:《开发利用农村生物质能源实现农业经济良性循环——浅析沼气开发利用的效应》,《生态经济》2009 年第 1 期。

91. 张斌:《从 OECD 国家发展历程看我国 2020 年能源电力消费》,《电力技术经济》2009 年第 1 期。

92. 张仕荣:《科技创新与中国的能源经济》,《科技与经济》2007 年第 6 期。

93. 张仕荣:《世界能源技术的三次革命与中国国际地位的变迁》,

《内蒙古大学学报》（人文社科版）2008 年第 3 期。

94. 张仕荣：《复杂性视角下中国能源安全体系问题研究》，《理论前沿》2008 年第 6 期。

95. 张仕荣：《关于确立中国海外能源多元化战略的几点思考》，《国际关系学院学报》2010 年第 6 期。

96. 张仕荣：《关于完善中国能源应急管理体制的几点思考》，《新远见》2011 年第 3 期。

97. 张仕荣：《日本福岛核危机对于完善中国能源安全体系的启示》《中国浦东干部学院学报》2011 年第 3 期。

98. 周新军：《能源安全问题研究：一个文献综述》，《当代经济管理》2017 年第 1 期。

（四）报纸类

99.《1965 年实现石油全部自给》，《人民日报》1981 年 7 月 14 日。

100. 崔艳红：《能源动员——维护国家安全的战略选择》，《学习时报》2008 年 10 月 23 日。

101.《国家发改委主任马凯在国务院新闻办新闻发布会上表示气候变化是全球共同面临的挑战（在国务院新闻办新闻发布会上）》，《人民日报》2007 年 6 月 5 日。

102. 胡锦涛：《在八国集团同发展中国家领导人对话会议上的书面讲话》，《人民日报》2006 年 7 月 18 日。

103. 胡锦涛：《高举中国特色社会主义伟大旗帜　为夺取全面建设小康社会新胜利而奋斗——在中国共产党第十七次全国代表大会上的报告》，《人民日报》2007 年 10 月 25 日。

104. 李富春：《关于发展国民经济的第一个五年计划的报告——

在一九五五年七月五日至六日的第一届全国人民代表大会第二次会议上》,《人民日报》1955 年 7 月 8 日。

105. 李永群:《生物燃料也要趋利避害》,《人民日报》2007 年 7 月 8 日。

106. 陆彩荣:《中国向煤炭污染宣战》,《光明日报》2001 年 10 月 16 日。

107. 罗盘:《"煤炭新政"修复黑色"创伤"(经济聚焦)》,《人民日报》2008 年 10 月 23 日。

108. 毛磊、石国胜:《立法,怎样让经济"循环"起来(热点解读)》,《人民日报》2007 年 8 月 27 日。

109.《散煤治理的先行者——兖矿集团洁净煤开发再拓新路》,《中国能源报》2016 年 12 月 26 日。

110.《算算节能账》,《人民日报》2007 年 5 月 21 日。

111.《上海合同能源管理努力突破瓶颈》,《人民日报》2007 年 6 月 14 日。

112.《生活能源消费量逐年上升》,《人民日报》2007 年 5 月 21 日。

113. 汪志球:《油桐拓宽能源新天地(关注)——全国政协联合调研组考察贵州小油桐生物柴油项目纪实》,《人民日报》2007 年 8 月 24 日。

114.《我国发现储量规模 10 亿吨大油田》,《人民日报》2007 年 5 月 4 日。

115. 武正弯:《德国特色的"3E"石油安全机制》,《中国能源报》2011 年 11 月 7 日。

116.《习近平对神华宁煤煤制油示范项目建成投产作出重要指示

强调加快推进能源生产和消费革命　增强我国能源自主保障能力》,《人民日报》2016 年 12 月 29 日。

117. 原国锋:《"大风车"是景观更是产业》,《人民日报》2007 年 6 月 18 日。

118.《英报文章:高油价冲击中国的影响日渐显露》,《参考消息》2008 年 7 月 9 日。

119.《中共中央关于加强党的执政能力建设的决定》,《人民日报》2004 年 9 月 27 日。

120. 张仕荣:《低碳经济:全球与中国永续发展的关键》,《学习时报》2014 年 12 月 8 日。

121.《张高丽出席联合国气候峰会发表讲话　构建合作共赢全球气候治理体系》,《人民日报》(海外版)2014 年 9 月 25 日。

122.《中共中央关于制定国民经济和社会发展第十一个五年规划的建议》,《人民日报》2005 年 10 月 19 日。

123.《中共中央关于构建社会主义和谐社会若干重大问题的决定》,《人民日报》2006 年 10 月 19 日。

124.《中国为粮食安全控制乙醇生产》,《参考消息》2007 年 6 月 4 日。

(五)电子资源

125. 白雪:《报告:"十三五"中国应停止审批极高碳排放煤化工项目》,见 http://www.ceh.com.cn/epaper/uniflows/html/2017/05/26/B06/B06_45.htm。

126.《杜祥琬院士:高碳发展不是必由之路》,见 http://tech.ce.cn/news/201507/28/t20150728_6061693.shtml。

127.[法]《世界报》:《国际能源署称中国将成为全球最大二氧化

碳排放国》，见 http://www.cetic.com.cn/html/20070428/562624.html。

128. 国家能源安全领导小组办公室编：《我国能源结构与资源利用效率分析》，见 http://www.chinaenergy.gov.cn/news.php?id=2249&highlight=%C4%DC%D4%B4%BD%E1%B9%B9。

129.《李克强主持召开节能减排及应对气候变化工作会议》，见 http://news.xinhuanet.com/photo/2014-03/23/c_126303992.htm。

130.《绿色 GDP》，中国国家统计局网站，见 http://www.stats.gov.cn/tjzs/tjcd/t20020523_20347.htm。

131. 美国时代封面文章：《中国将和平崛起（全文）》，见 http://news.phoenixtv.com/opinion/200701/0122_23_66602.shtml。

132.《能源科技创新进入高度活跃期　各领域科技成果涌现》，2017 年 11 月 7 日，见 http://www.in-en.com/article/html/energy-2263765.shtml。

133. 奇云、杨丽君：《"生态定时炸弹" 2070 年引爆》，见 http://it.sohu.com/20050217/n224318179.shtml。

134.《壳牌能源远景 2050 发布实录》，见 http://www.oilchina.com/syxw/20080918/news2008091802105515642.htm。

135.《人民日报：治理散煤污染　思路要广一点》，见 http://news.youth.cn/gn/201712/t20171209_11126154.htm。

136.《我国提出应对气候变化四原则　三方面发展低碳经济》，见 http://www.gov.cn/jrzg/2009-06/19/content_1345292.htm。

137.《习近平：积极推动我国能源生产和消费革命》，见 http://www.xinhuanet.com/politics/2014-06/13/c_1111139161.htm。

138.《习近平回忆插队建沼气池：捅开导气管被喷满脸粪》，见

http://he.people.com.cn/n/2015/0214/c192235-23910701.html。

139.《习近平在气候变化巴黎大会开幕式上的讲话（全文）》，见 http://www.xinhuanet.com/world/2015-12/01/c_1117309642.htm。

140.《习近平：坚决打好污染防治攻坚战　推动生态文明建设迈上新台阶》，见 http://www.xinhuanet.com/politics/leaders/2018-05/19/c_1122857595.htm。

141.《习近平：良好生态环境是最公平的公共产品》，见 http://www.hq.xinhuanet.com/news/2013-04/11/c_115344007.htm。

142.《用科技实现能源安全》，见 http://www.cheminfo.gov.cn/UI/Information/Show.aspx?xh=123&tblName=focus。

143.《中国与南太岛国合作的"干货"》，见 http://news.xinhuanet.com/world/2014-11/24/c_127245516.htm。

144.《中国代表团团长刘江在气候变化公约第五次缔约方会议上的发言》，见 http://www.ccchina.gov.cn/cn/index.asp。

145.《中国代表团团长王金祥在气候变化公约第十一次缔约方会议暨〈京都议定书〉第一次缔约方会议上的发言》，见 http://www.ccchina.gov.cn/cn/index.asp。

146.《中国的能源状况与政策》，2007 年 12 月，见 http://www.gov.cn/zwgk/2007-12/26/content_844159.htm。

147.《中国低碳产业处境尴尬》，见 http://news.mainone.com/shangye/2008-08/154348.shtml。

148.《中国，回避不了低碳经济的挑战》，见 http://news.xinhuanet.com/comments/2008-06/10/content_8316753.htm。

149.《中国首次发布绿色 GDP 报告，污染损失占 GDP3.05%》，见

http://news.xinhuanet.com/fortune/2006-09/07/content_5062240.htm。

150.《中国的基尼系数已超警戒线》，见 http://www.cass.net.cn/file/2005070138124.html。

151. 周大地：《调整能源价格正当时（专家视点）》，见 http://finance.ifeng.com/roll/20090805/1040508.shtml。

152. 朱镕基：《关于制定国民经济和社会发展第十个五年计划建议的说明》，见 http://www.cnr.cn/wq/wzqh/qhnews/4.htm。

二、外文文献及电子资源

153.Aniel Yergi, "Ensuring Energy Security", *Foreign Affairs*, March/April 2006.

154.BP Energy Outlook 2017,https://www.bp.com/content/dam/bp/pdf/energy-economics/energy-outlook-2017/bp-energy-outlook-2017.pdf.

155.David Zweig and Bi Jianhai, "China's Global Hunt for Energy", *Foreign Affairs*, September/October 2005.

156. "Exxon Mobil CEO Calls Energy Independence Unrealistic", http://www finanznachrichten de/nachrichten-2006-03/article-61061.asp.

157.Falin Chen, Shyi-Min Lu and Yi-Lin Chang, "Renewable Energy in Taiwan: Its Developing Status and Strategy", *Energy*, Volume 32, Issue 9, September 2007.

158.International Energy Agency（IEA）, https://www.energy.gov/ia/initiatives/international-energy-agency-iea.

159.Jonas Nässén, John Holmberg, Anders Wadeskog and Madeleine Nyman, "Direct and Indirect Energy Use and Carbon Emissions in the Production

Phase of Buildings: An Input—output Analysis", *Energy*, Volume 32,Issue 9,September 2007.

160.John Browne, "Beyond Kyoto", *Foreign Affairs*, July/August 2004.

161.John Mathews, "Seven Steps to Curb Global Warming", *Energy Policy*, Volume 35,Issue 8, August 2007.

162.Leonardo Maugeri, "Not in Oil's Name", *Foreign Affairs*, July/August 2003.

163.Martine A. Uyterlinde, Martin Junginger, Hage J. de Vries, André P.C. Faaij and Wim C. Turkenburg, "Implications of Technological Learning on the Prospects for Renewable Energy Technologies in Europe", *Energy Policy*, Volume 35, Issue 8, August 2007.

164.Matthew E. Chen , "Chinese National Oil Companies and Human Rights", *Orbis*, Volume 51,Issue 1, Winter 2007.

165.Michelle Billig, "The Venezuelan Oil Crisis", *Foreign Affairs*, September/October 2004.

166.Peter Cornelius and Jonathan Story , "China and Global Energy Markets", *Orbis*, Volume 51, Issue 1, Winter 2007.

167. "Rural Energy Patterns in China", http://www.ccchina.gov.cn/english/source/ga/ga2003082001.html.

168.S. Julio Friedmann and Thomas Homer—Dixon, "Out of the Energy Box", *Foreign Affairs*, November/December 2004.

169.Timothy E. Wirth, C. Boyden Gray, and John D. Podesta, "The Future of Energy Policy", *Foreign Affairs*, July/August 2003.

170. "Pentagon Tells Bush: Climate Change will Destroy Us", *The Guardian*,

https://www.theguardian.com/environment/2004/feb/22/usnews.theobserver.

171.United States Department of Energy, https://www.energy.gov/.

172.Zhi-Sheng Li, Guo-Qiang Zhang, Dong-Mei Li, Jin Zhou, Li-Juan Li and Li-Xin Li, "Application and Development of Solar Energy in Building Industry and Its Prospects in China", *Energy Policy*, Volume 35,Issue 8, August 200.

后 记

我于 2007 年 1 月中旬入站做清华大学科技哲学工作站博士后，合作导师为吴彤教授，2009 年年末出站。入站后开展科研工作的选题定为"复杂性与中国的能源安全问题研究"，2012 年出版的《新时期中国能源安全体系》是在我的博士后出站报告的基础上修改完善而最终形成的。

当前，中国的能源安全问题已经成为涉及中国国家安全、经济发展、人民日常生活的重大问题，需要政策的制订者从战略和全局的高度把握，特别是在世界能源安全体系的框架下，对于中国的能源安全问题形成相对清晰的认识。我本人 2010 年到中央党校国际战略研究所（院）工作，其间一直不间断地研究国家能源安全问题，并为世界经济专业在职研究生讲授"世界能源经济"这门课，得到了学员们的肯定。

党的十八大以来，习近平总书记对能源发展改革高度重视，作出一系列重要论述和指示，特别是 2014 年 6 月在中央财经领导小组第六次会议上发表重要讲话，鲜明提出推动能源消费革命、能源供给革命、能源技术革命、能源体制革命和全方位加强国际合作等重大战略思想，为我国能源发展改革进一步指明了方向。

2017 年，我被选聘为中央党校创新工程国家"十八大以来国家安全理论创新"项目组的首席专家,由此在总体安全观的框架内对中国能源安全的认识逐步提升,而在既有研究基础上整理有关中国能源安全战略的成果并汇编出书的愿望愈发强烈。

欣逢人民出版社的吴焰东老师,他对我本人的想法十分赞赏,并在该书立项和编辑过程中给予了大力支持,在此表示衷心感谢。战略院领导和同事们对我的各方面帮助也使我廓清了诸多难题和误区。

在书稿编辑过程中,家人和所带研究生都给予无私帮助,我指导的四位硕士研究生:张培、高明远、冯晨曦、胡瑞英认真对书稿进行了校对和修订,由此倍感温暖和欣慰。

在此一并致谢!

张仕荣

2018 年 5 月 28 日于北京大有北里

责任编辑:吴炽东
封面设计:石笑梦

图书在版编目(CIP)数据

中国能源安全问题研究/张仕荣 著. —北京:人民出版社,2018.9
ISBN 978 - 7 - 01 - 019597 - 1

Ⅰ.①中… Ⅱ.①张… Ⅲ.①能源-国家安全-研究-中国 Ⅳ.①TK01

中国版本图书馆 CIP 数据核字(2018)第 168389 号

中国能源安全问题研究

ZHONGGUO NENGYUAN ANQUAN WENTI YANJIU

张仕荣 著

人民出版社 出版发行
(100706 北京市东城区隆福寺街 99 号)

北京中科印刷有限公司印刷 新华书店经销

2018 年 9 月第 1 版 2018 年 9 月北京第 1 次印刷
开本:710 毫米×1000 毫米 1/16 印张:16.5
字数:200 千字

ISBN 978 - 7 - 01 - 019597 - 1 定价:66.00 元

邮购地址 100706 北京市东城区隆福寺街 99 号
人民东方图书销售中心 电话 (010)65250042 65289539